世界の最先端を知る「10の論点」

教養としてのインターネット論

谷脇康彦
TANIWAKI Yasuhiko

日経BP

はじめに

〝グローバルなインターネットの時代は終わった（The era of the global internet is over）〟

2022年秋、米外交政策に影響力を持つシンクタンク「外交問題評議会」（CFR）が公表した報告書[*1]の冒頭1行目を見て、思わず「え？」と小さな声が出てしまいました。それが最初に記した一文です。

報告書の要旨（executive summary）の一部をさらに引用してみます。報告書はまず米国発のインターネットについて概観しています。

〝グローバルインターネットはその大部分が米国によって生み出された。インターネットを形づくる技術は連邦政府のプロジェクトから生まれた。そして、米国の企業がその技術を基にイノベーションを起こし、商業化し、グローバル化した。インターネットの基本構造、それは民間部門と技術コミュニティへの依存、比較的軽い規制監督、そして言論や情報の自由な流通の保護といった米国の価値を反映したものだった〃

これは、インターネットについて特に米国でよく語られるストーリーです。報告書はこれに続けてインターネットは米国の価値観そのものであり、その絶対的価値観の正当性は必ず世界の国々に受け入れられるという伝統的な米国流の考え方を示します。

〝米国の戦略的、経済的、政治的、外交的な政策的利益は、グローバルでオープンなインターネットによって支えられてきた。ワシントン（筆者注：米国連邦政府）は、インターネットのビジョンが最終的には広く共有されるようになり、他国もこれに従うか、さもなければグローバルでオープンなインターネットの利益を損なうことになると長く信じてきた〃

しかし、その米国の自信は揺らいでいる、いや喪失しようとしている状況にあります。報告書は以下のように続きます。

〝米国は今、明らかに異なる現実に直面している。オープンで信頼に足り、セキュア《安全》でグローバルなネットワークというユートピア的なビジョンは達成されず、実現の目処《めど》も立っていない。今日インターネットは、従来に比べ、自由を失い、断片化し、そして安全性を損なうものになっている〟

いったい、インターネットの世界に何が起きているのでしょうか。サイバー空間における脅威の深刻化など広く知られている事象はあるものの、インターネットの深いところで何が起きているのかという点はあまり知られていないのが実態です。

インターネットの最前線を「論点」から考えるわけ

私たちが日常的に見聞きしていること。

それは、例えばデジタル改革は待ったなしの課題だけれども日本は対応が遅れているという状況、グーグルやアマゾンといった巨大プラットフォーマーが強くなりすぎて様々な歪《ゆが》みが生じていることを問題視する声、ブロックチェーン技術を使ったWeb3という新しい事業モデルは登場しているが将来性がよく見えないという意見、偽情報が大いに流布されていて国としても取り組みを強化すべきではないかという提案、中国やロシアではネット統制が進む一方で日米欧ではインターネットは自由であるべきだという主張の隔たりによる深刻な対立の構図があるという指摘。

これらはすべてインターネットあるいはデジタル技術に関わりがあるテーマですが、こうしたテーマを貫く背骨となるストーリーは何か、どうすれば点在する事象をつないで全体的な像を結ぶ形で捉えることができるのかという点について、私自身、何年にもわたって考えてきました。

そして、一つの糸口として「データ」というものが社会経済システムの中心に位置づけられる世界、データの重要性がはっきりと認識される世界、こうした切り口で説明を試みることで、全体の構図が比較的わかりやすく説明できるのではないかと考えました。

本書はデータが中心になって変わっていく世界、つまり「データ駆動社会」を中核的なコンセプトとして位置づけながら、インターネットの未来について様々な観点から考えたものです。

現在、世界のインターネット利用者は約45億人。国境を越えた地球規模のコミュニケーションツールとなりました。日々の暮らしやビジネスでインターネットを使わない日はありません。日本国内においてインターネットの普及率は84・9％（2022年時点、以下同じ）。年齢別で見ても70代で65・5％、80代以上でも33・2％の利用率となっています[*2]。

しかし、空気のように利用しているインターネットの仕組みを少し掘り下げてみると、その最前線では深刻な競争や対立が生まれています。それを紹介するのが本書の主題です。

私自身、１９８４年に郵政省（現総務省）に入り、37年間にわたって情報通信政策の分野の仕事に携わってきました。また、現在もインターネットイニシアティブ（ＩＩＪ）という企業でインターネットの世界に直接的に携わっています。そこで主として政策の立場から、インターネットの登場の頃から今日の発展した姿まで見てきた一人として、インターネットの最前線で起きていることを多くの人たちに知ってもらいたいと思います。といっても、難しい技術的な話とは限りません。

インターネットが社会インフラとなり、政治、経済、外交、安全保障など多くの分野で存在感を増すなか、実はその最前線で起きているのはリアルな社会における競争や対立がサイバー空間に持ち込まれているということでもあるのです。

インターネットのインフラは国が公共事業で構築したものではありません。あくまで民間の人たちが構築した機器やネットワークが相互につながり合うことで機能しています。その自由さや柔軟さこそがインターネットのしなやかな発展を実現していきました。

本書をお読みいただくことで、インターネットの最前線でどのようなことが起きているのか理解していただくとともに、そこにある競争や対立という問題が現実世界の問題と密接に関連しており、こうした競争や対立がインターネットのあり様をどのように変えようとしているのか、変える可能性があるのかといった点について理解していただけると思います。

また、インターネットの世界を知っていただき、インターネットを正しく利用したり、インターネットを巡る問題を考えたり議論していただくきっかけにしていただきたいと思います。

各章で触れる内容と10の論点とは

さて、本書の全体構成は次のとおりです。

第1章「新しいデジタルへの契機」では、インターネットの急速な普及がもたらした功罪を取り上げます。

2020年初頭から世界の人たちが経験した新型コロナウィルスの猛威。そしてロシアによって始められたウクライナ侵攻。この憂慮すべき2つの事態が、デジタル技術のもたらしたものを明確に浮かび上がらせました。そして、データという財が社会・経済を動かす上で最も重要な要素となっている今世紀において、データ駆動社会に対応した制度見直しを図ることの重要性を明らかにします。

第2章「データ資本への変遷」では、資本主義経済におけるデータの役割について考えます。

巨大なデータを生成・収集・蓄積・解析することで新たに得られた知見を生かし、どのようなことが可能となるのか。またそのインパクトはどれほどのものであり、データという財の特性が極めて大きな意味を持っていることを明らかにします。そして、こうしたデータの特性を最大限活用して登場した巨大プラットフォーマーの背景について整理します。

第3章「データ流通基盤の幕開け」では、インターネットの進化に合わせて変化してきたデジタル技術関連の事業モデルについて取り上げます。

特に、Web3に代表される分散型事業モデルがどのような意味を持っているのか、現時点でどのように捉えることが適当なのか、分散型事業モデルの課題やこれを解決するための方策は何かといった点について取り上げます。

またデジタル技術の普及によってインターネットが社会インフラと化し、とりわけデジタル政策の取り扱う射程が飛躍的に広がるなか、デジタル関連市場の複層的な枠組みを改めて概観するとともに、デジタル市場におけるルールのあり方に関する議論を整理します。

第4章「デジタル民主主義を巡る対立」では、インターネットの国際ルールを巡る議論と国同士の駆け引きに関する動向を整理します。これは、冒頭の米シンクタンクの報告書に最も密接に関連する部分です。

インターネットは本来自由なものです。インターネットは“One World, One Network”（「世界は一つ、ネットワークも一つ」）を標榜し、「自律・分散・協調」を基本精神として発展を遂げてきました。

しかし、インターネットが国にとって最も重要な神経網として機能する基盤的な存在となり、一部の国が自国においてインターネットに対する統制権を強めようとしているなかで、旧西側諸国と中露の間でサイバー空間のルールのあり方について抜き差しならない対立の構図が浮かび上がってきています。そして、ロシアによるウクライナ侵攻はこうした対立をさらに悪化させる方向に作用しています。

サイバー空間におけるルール、別の言葉でいえばインターネットという仕組みをどう運営するかというインターネットガバナンス（Internet Governance）を巡る議論が国際的に様々な場で行われています。そして、対立する両陣営の決定的な決裂（デジタル冷戦）を避けるための方策についても、対話が始まっています。ここではそうした論点を整理します。

最後に、第5章「インターネットの未来」では、第1章から第4章まで様々な切り口から見たインターネットについて、改めて「集中と分散」という言葉をキーワードにしつつ10個の対立軸に整理します。これは相対立するグループの間の亀裂を深めさせようということではなく、議論の対立軸を整理することでインターネットに関する論点をシャープに浮かび上がらせることをその狙いとしています。

これまでとこれからのインターネットの違い

インターネットを巡る議論はもはや一部のテックコミュニティに限った議論ではありません。インターネットという人類の発明がどれだけ大きな影響を私たちにもたらすものであるか、その全容はまだ見えません。ただ確かなのは、これからのインターネットが私たちにもたらすであろう恩恵は、これまで私たちが経験してきたインターネットの恩恵をはるかに上回るものだという「予感」です。そして、恩恵が大きいものであればあるほど、それに付随する負の側面も大きくなる可能性があります。

インターネットがすべての人により多くの利益をもたらすためには、インターネットを巡る議論により多くの人たち、より多くの異なる領域・分野の人たちが参加することが期待されます。本書を通じてインターネットの未来をよりよくするための議論が少しでも前に進んでほしいと思います。

註

＊1 Council on Foreign Relations（CFR）, "Confronting Reality in Cyberspace：Foreign Policy for a Fragmented Internet," Independent Task Force Report, No. 80, July 2022
https://www.cfr.org/task-force-report/confronting-reality-in-cyberspace/download/pdf/2022-07/CFR_TFR80_Cyberspace_Full_SinglePages_06212022_Final.pdf（2023年8月3日アクセス）

＊2 総務省「令和5年版情報通信白書」（2023年7月）
https://www.soumu.go.jp/johotsusintokei/whitepaper/ja/r05/pdf/00zentai.pdf（2023年8月3日アクセス）

［第2章］

データ資本への変遷……049

［第1章］

新しいデジタルへの契機

パンデミックが変えた社会

2019年、中国武漢に端を発するCOVID－19（以下「新型コロナウィルス」という）は瞬く間に世界中に広がり、約100年前に世界を席巻したスペイン風邪と同様に、社会経済活動に大きな影響を与えました。人々は「ステイホーム」で自宅に篭《こも》り、都市ごと封鎖するロックダウンも世界各地で行われました。急増する患者数に医療体制が追いつかず、多くの人々が命を失う状況となりました。

しかし、100年前のスペイン風邪の時代と現代の違いは、インターネットが一般に広く普及し、スマートフォンをはじめとするデジタル機器を人々が日常的に駆使しているということです。

事実、日本におけるインターネット利用率は84・9％、スマートフォンの保有率は77・3％に達しています。[*1]

例えばテレワークの普及に焦点を当てると、テレワークは２０２０年に予定されていたオリンピック・パラリンピック東京大会に向けて公共輸送機関の確保のための通勤ラッシュ緩和策の一つでした。しかし、新型コロナウィルスの蔓延《まんえん》によってこうした段階を大きく飛び越え、テレワーク導入率は２０１９年の20・2%から２０２１年には51・9%へと倍増しました。テレワークの導入目的は「新型コロナウィルス感染症への対応」(90・5%)が「勤務者の移動時間の短縮・混雑回避」(37・0%)や「勤務者のワークライフバランスの向上」(27・9%)といった項目を大きく上回ることとなりました。

また、スマートフォンの位置情報を匿名化・集計することで全国の繁華街や駅周辺の人流の増減を具体的な数字・グラフで示すことも行われており、自粛要請が出された時期には外出を控えるという「行動変容」を生み出すことにつながりました。

さらに、新規感染者数や病床使用率などのデータは自治体レベルでオープンデータとして公開されており、これらのデータを加工してわかりやすくグラフなどで示すサービスなどが多数登場しました[*2]。

感染者の診療機関が不足していた２０２０年4月、厚生労働省は初診から電話やオンラインでの診療を可能とする要件緩和を実施しました。しかし、そもそもこの要件緩和は新型コロナウィルス感染症が収束するまでの期間に限定された一時的な措置だった上、実際に電話やオンラインでの診療を行った医療機関は15・2%（2021年4月末）にとどまっていました。しかも初診から電話やオンラインでの診療ができた医療機関は同じく6・5%にとどまり、[*3]「オンライン診療はあくまでも対面診療の補完」という医療機関側の姿勢を反映していたといえます。

デジタル技術が普及しているにもかかわらずその価値を十分に生かせなかった例は、ほかにもたくさんあります。

例えば2020年に実施された一人10万円の特別定額給付金の支給は人海戦術に頼らざるを得ず支給手続きに忙殺され、支給が大幅に遅延する地方自治体が続出しました。仮にマイナンバーカードが普及しており、マイナンバーと銀行口座が正しく紐づけされていたならば、こうした事態を招くことなく数日で支給手続きを完了することができたはずです。

実際に電子政府先進国である韓国では、コロナ関連の給付金の支給が3回実施されていますが、初回は2020年5月に実施され、5月4日の支給開始から同月末までの間にオンラインで98・2％が完了しました。[*4]

また、保健所が新規感染者に関する情報を自治体に報告する際、手書きやファックスが多用されており、人手の圧倒的な不足から報告が遅れたほか、急遽導入された感染者情報管理システムの導入当初においては、使い勝手の悪さからデータの誤入力が相次ぎ、データの精度が損なわれるといった事態も招きました。

さらに、世界各国で導入された接触確認アプリ（日本の場合はCOCOA）も、アンドロイド版アプリの不具合が4カ月にわたって放置されるなど、その有効性が疑問視され、次第に使われなくなりました。そのほか、海外から入国する場合のアプリの運用についても、多くの問題点が指摘されました。

このように、新型コロナウィルス感染症の蔓延は、時間と距離を超えることができるインターネットやデジタル機器のメリットを実感させたものの、デジタル技術の習得や利用が不十分であることを背景に、他国に比べて対応に遅れが目立つ状況を際立たせることになったといえます。

デジタル戦としてのウクライナ紛争

デジタル技術の進化は国家間の紛争においても新たな様相をもたらしています。

２０２２年2月に勃発したロシア軍によるウクライナ侵攻では、リアル攻撃（武力行使）とサイバー攻撃が同時進行する「ハイブリッド戦」、そして、平常時から非常時（戦闘状態）に向けて連続的に事態がエスカレーションしていく「グレーゾーン事態」といった特徴が際立っており、「境界線のよくわからないデジタル戦」が継続している状況にあります。

こうしたなか、平時から使われているＳＮＳが積極的に活用されているのも、今回の紛争の特徴の一つだといえます。

例えば、ウクライナ国内ではテレグラム（Telegram）というＳＮＳを使って市民がロシア軍の動きを自国軍に通報し、偽情報の拡散を防ごうとする取り組み（英語名称：

E-Enemy）が行われています。[*5] また、ウクライナ国防省はロシア兵士の家族向けホットラインを開設し、亡くなったロシア軍兵士を米国発の顔認証技術で特定して家族に連絡する仕組みを構築しました。さらに、民間サイバー人材を募りウクライナ軍の指示に基づいてサイバー攻撃を展開したりロシア市民への情報提供などを行うＩＴ軍（IT Army of Ukraine）の創設なども行われています。[*6] ＩＴ軍ではウクライナ国外にいる同国人が約30万人参加し、ウクライナ軍と連携した動きを見せています。このＩＴ軍の登場は、距離の制約を超えて協働することができるデジタル技術の特徴を如実に示しているといえるでしょう。

他方、デジタル技術を悪用する事例も多数登場しています。具体的には、ＳＮＳを通じた偽情報の拡散など情報の内容の正しさ――真正性（integrity）――を脅かし、社会秩序の混乱や世論の意図的な誘導を図る試みが散見されます。[*7] このため、国境がないサイバー空間では紛争当事者国のみならず他国にも混乱が拡大し、国際世論の動向にも影響を与えています。

偽情報つまりフェイクニュースの事例としては、ロシアの空挺部隊がキーウを襲撃した際の写真とされていたものが実は２０２０年のモスクワ軍事パレードの写真だったり、中国天津における倉庫爆発の写真（2015年）がロシアによるキーウでの空爆の写真だとして流布しています。また、AI（人工知能）を活用して偽アカウントを大量に生成し、フェイスブック（現メタ）などのSNS上で反ウクライナ情報を発信している事案が頻発しており、フェイスブックはこれらの偽アカウントを積極的に削除しているものの、イタチごっこの状況が続いています。

特に、ウクライナのウォロディミル・ゼレンスキー大統領が国民に降伏を呼びかける演説などのフェイク動画（ディープフェイク）が出回る[*8]など、ウクライナ国内で混乱を生じさせようという動きが多く見られました。

動き始めたファクトチェック機関

このような状況のなか、存在感を示しているのがファクトチェック機関です。

ファクトチェック機関は、インターネット上に流通する情報を分析して偽情報であるかどうかを判断し、その結果をSNSなどで広く提供する組織で、その代表例がオランダに本拠を置く非営利団体ベリングキャット[*9]です。彼らは独自に入手したインテリジェンス情報などを使って情報を解析するのではなく、すでにネット上で流通して

［図1-1］OSINT情報のマッピング

Eyes on Russiaプロジェクトは、
SNSに掲載された攻撃地点の情報などを地図上にマッピングする試み
（右図のプロットされた箇所をクリックすると左図のようにSNS投稿と攻撃の詳細が確認できる）

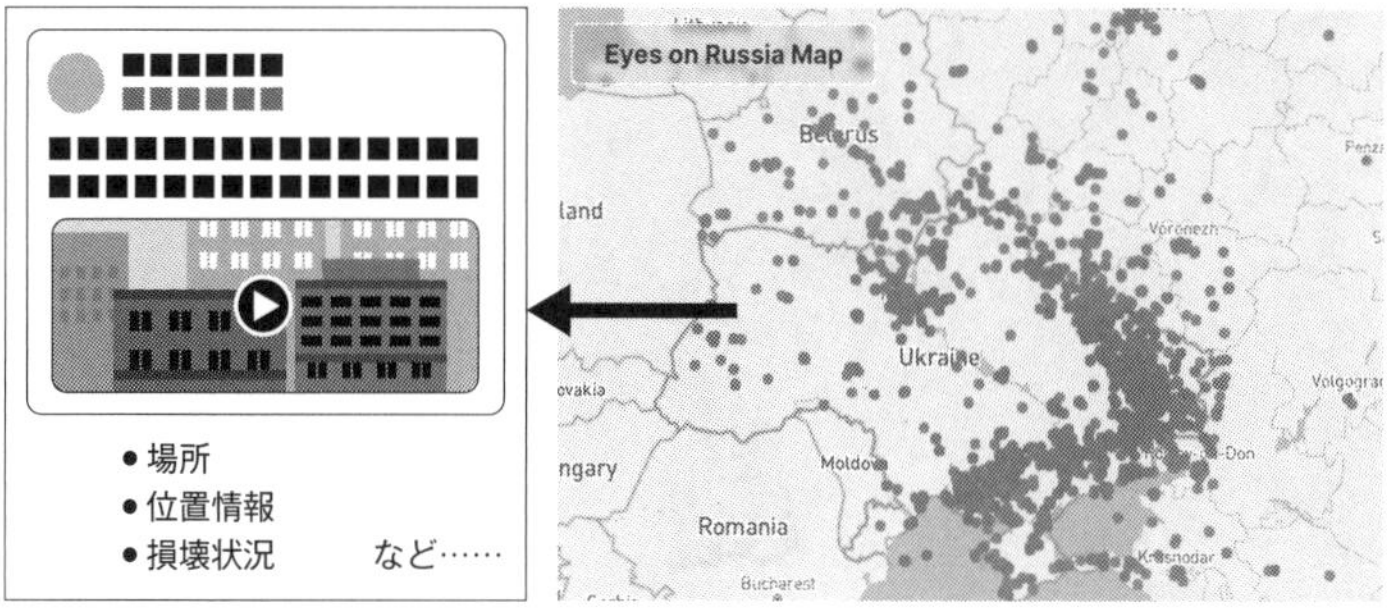

（出典）https://eyesonrussia.org/

いる公開情報を解析し、偽情報かどうかを判断しています。こうした取り組みは、誰でも閲覧可能なオープンソース情報を基にした諜報《ちょうほう》という意味で、オシント＝ＯＳＩＮＴ（Open Source Intelligence）[*10]と呼ばれます。そして、ベリングキャットの活動が注目されるなか、対抗して偽ファクトチェック機関が登場し、事態を混乱させようという事案も多数観測されています。

ＯＳＩＮＴを活用したデータ連携の取り組みも進んでいます。その代表例が“Eyes on Russia”プロジェクトです[*11]［図1-1］。このプロジェクトは、ウクライナの住民がロシア軍の動向やロシアによる攻撃被害の様子を撮影してＳＮＳにアップしたものを位置情報（緯度・経度）とともにウクライナの地図上にマッピングしているものです。

このプロジェクトを主宰しているのは英国の非営

利団体CIR（Center for Information Resilience：情報レジリエンスセンター）で、CIRは前述のベリングキャットとも連携しています。CIRはこのプロジェクトについて、「その目的はシンプルだ。ロシアの侵略がウクライナとその国の人々に与えたインパクトについて、世界にタイムリーで信頼できる情報を提供することにある」と述べています。

つまり、このプロジェクトは市民の提供するロシア軍の残虐な行為に関する写真や動画のデータを連結し、より大きなデータ（メッセージ）にすることで「戦争被害の可視化」を実現するとともに、戦争行為に関する透明性の確保を通じて戦争犯罪などの証拠の蓄積をしつつ、国際世論の喚起につなげることを狙っています。

今回のウクライナ紛争では新しいデジタル技術の活用も進んでいます。

例えば、ウクライナに対する復興資金支援の一環として、NFT（Non-Fungible Token：非代替性トークン）を使ってデジタル作品（ウクライナや海外のアーティストが手がけたデジタル美術品）を販売するNFTミュージアム[*12]という試みが生まれています。

また、ロシアに対する経済制裁として、ロシアの一部の銀行を国際決済システム（SWIFT）から締め出す措置が講じられていますが、その結果、ブロックチェーンなど分散台帳技術（distributed ledger technology）を使ったロシアへの暗号資産の流入が加速化しているという指摘もあります。

デジタル技術の使い方

ここまで見てきたように、私たちはパンデミックの時代を経験するなか、デジタル技術を使うことによる効用を改めて実感するとともに、いまだに残る制度的な問題や人々の理解不足など多くの課題があることを改めて認識しました。

日本は他国に先駆けて光ファイバー網の整備を進めた「光の国」ですが、他方、この光ファイバー網を基にデジタル技術を最大限活用した社会経済システムの効率化や高付加価値化を実現するという面では、残念ながら顕著な成果を挙げることに成功したとはいえません。

〝我が国は、21世紀を迎え、すべての国民が情報通信技術（IT）を積極的に活用し、かつその恩恵を最大限享受できる知識創発型社会の実現に向けて、既存の制度、慣行、権益にしばられず、早急に革命的かつ現実的な対応を行わなければならない〟

これは2001年1月、政府のIT本部（高度情報通信ネットワーク社会推進戦略本部）で決定された「e-Japan戦略」の冒頭の一文です。[*13] ここにあるように日本はやるべきこと（目標）は明確でしたが、「既存の制度、慣行、権益」にしばられてしまい、デジタル技術の積極的な活用ができなかったのです。政策立案プロセスにおいても、関係者の間でデジタル技術に対するリテラシーが十分でなく、政策としての優先度がなかなか上がらないという状況もありました。

しかし現実の世界においては、1990年代に入って登場したインターネットは通信技術とコンピュータ技術を掛け合わせた新しい技術として、社会経済システムのあり方を急速かつ飛躍的に変えてきました。インターネットに代表されるデジタル技術の活用は、今後日本が国際社会のなかで生き残っていくために最優先の課題です。これはデジタル技術が社会経済システムの最も根幹をなす基盤になったということなのです。

デジタル技術が社会経済システムの最も根幹をなす基盤になったということは、ロシアによるウクライナ侵攻を見ても明らかです。

サイバー空間とリアル空間の境界や、平常時と非常時の垣根も曖昧ななかで、デジタル技術は自国を有利に導くための重要な道具として使われるようになっています。また、国家の防衛という面から見てもデジタル技術による防御は、戦車、戦闘機、軍艦などの物理的な武力と同等以上の重要性を持つに至っています。

グーグルのレポート[*14]によると、ウクライナに対するロシアによるサイバー攻撃は実際に武力侵攻が始まった２０２２年２月の１年前から始まりました。２０２１年３月、ロシア軍がウクライナ国境への部隊集結を開始し、その直後からウクライナ国民に対するフィッシング攻撃（送信者を詐称したメールを送りつけて、偽サイトなどに誘導してマルウェアに感染させたり個人情報を窃取しようとする攻撃）が同年秋を中心に増加しました。その結果、２０２２年にフィッシング攻撃の標的となったウクライナのネット利用者の数は侵略２年前の２０２０年と比べて２５０％増加しました。

本当に有効なデータ活用

さて、デジタル技術というのはあくまでも手段にすぎません。デジタル技術を用いて実現しようとしてる世界はどのような世界でしょうか。

それは、「データ駆動社会（Data Driven Society）」というものです。リアルな現実社会

［図1-2］データ駆動社会(Data Driven Society)

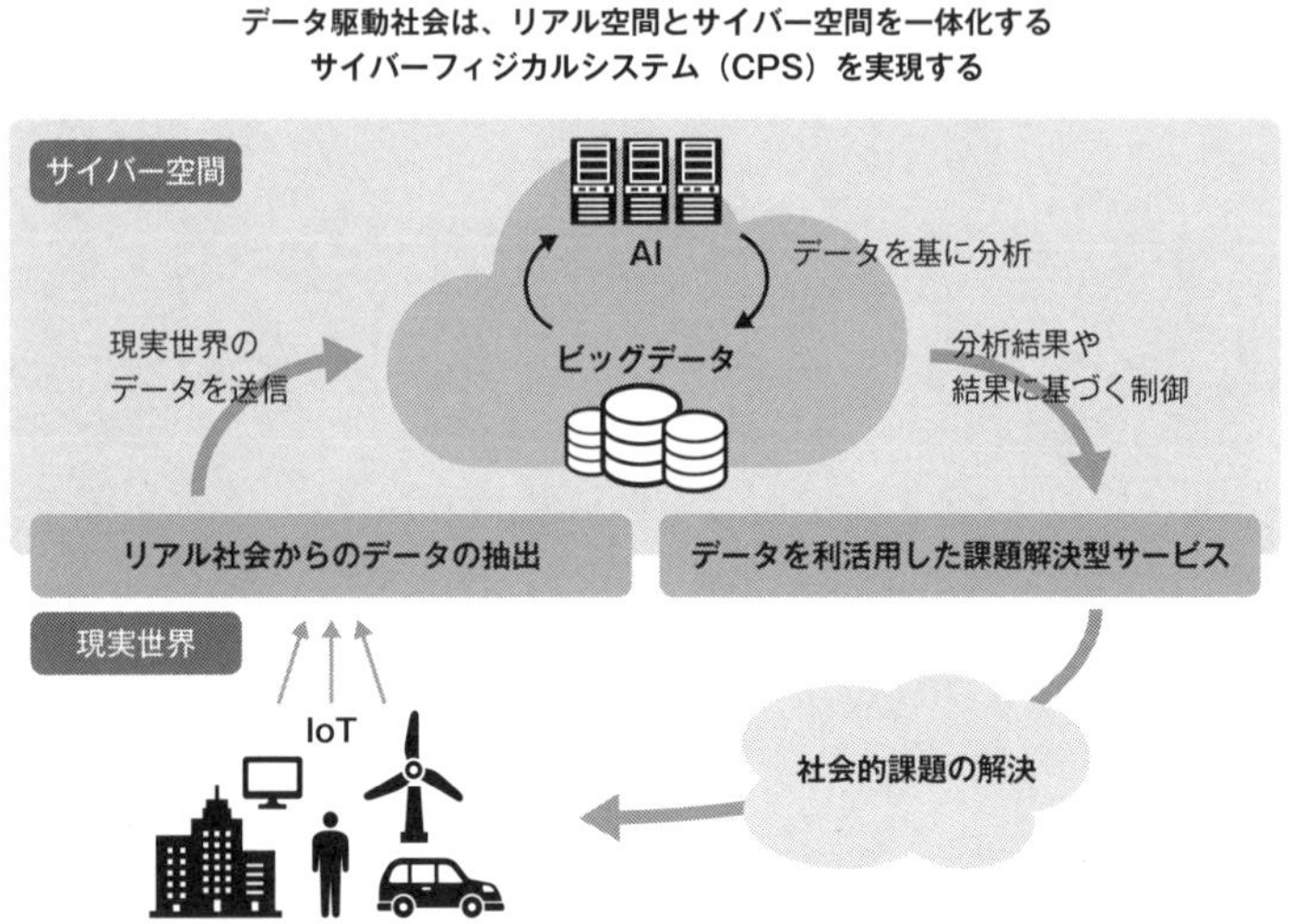

において様々なモノにセンサーを設置してデータを収集し、これを膨大な量のビッグデータとしてサイバー空間に蓄積します。そして、ビッグデータを人手で解析するのは大変なのでＡＩを活用してデータの持つ意味を解き明かします。

　では何のためにデータを解析するのでしょうか。

　それは、リアル空間に存在する様々な課題解決のためのソリューションを探し出すことにあります。こうしたソリューションは何度も手直しをしながら改善していくのが一般的です。稼働するソリューションのパフォーマンスデータを収集・蓄積、そして解析し、課題を探り出し、ソリューションをよりよいものに改善していく。リアル空間（フィジカルな空間）とサイバー空間を一体的にしながら、データがその2つの空間をグルグルと循環している世界。これがデータ駆動社会のイメージであり、一体的なシステムという意味で「サイバーフィジカルシステム」（CPS：Cyber Physical System）とも呼ばれます［図1-2］。

実現のための制度再設計

データ駆動社会は、データの収集・蓄積・解析・流通などを通じて国民（個人・企業）の行動変容を生み出したり、データ活用による新たな価値の創造をもたらす社会です。これまでの社会経済システムはモノやサービスの生産・流通・消費などを前提に制度設計が積み重ねられてきました。しかし、今後のデータ駆動社会においてデータの持つ重要性が飛躍的に高まるにつれて、従来のモノやサービスとは異なるデータの特性を踏まえた制度設計が強く求められます。

それでは、従来のモノやサービスとは異なるデータの特性とは何でしょうか。

物理的なモノを1単位追加的に生産する際にはコスト（限界費用）が発生しますが、

データは「使い減りしない」ので限界費用ゼロとなります。そもそも「使い減りしない」ということそのものが特別で、これを「非競合（nonrivalness）財」と呼びます。

また、例えばＧＡＦＡ（グーグル、アップル、フェイスブック［現メタ］、アマゾン）のようなプラットフォームの場合、モノを販売したい企業がプラットフォームに登録すると、その品揃えを見て利用者（消費者）が集まってきます。そして、利用者が増加すると企業にとってはより魅力的なプラットフォームとなるので登録企業の数も増えます。さらに企業の数が増えるとプラットフォーム内での選択の幅が広がり、利用者が増えます。このように、利用者の数と企業の数が相乗効果で増加していくという雪だるま方式の相乗効果（ネットワーク効果）が働きます。

このため、データというものが社会経済活動の中核を占めるようになってくると、データの特性を踏まえた制度設計（見直し）が必要になります。

例えば欧州では、２０２０年2月に「欧州データ戦略[*16]」を策定・公表し、これに基づく制度の整備を急ピッチで進めています。これまで欧州は個人情報保護を目的とするＧＤＰＲ（General Data Protection Regulation：一般データ保護規則）を制定することでＥＵ（欧州連合）域内のデータ保護の枠組みを整備し、強力に推進してきました。

同時に、２０２３年9月施行のデータガバナンス法（Data Governance Act）では、データを仲介するサービス事業者などの規定を整備しています。また、２０２３年2月に欧州委員会において決定され、今後欧州議会で審議される予定のデータ法（Data Act）では、ＩｏＴなどが生成するデータの共有を促進する枠組みづくりを進めており、データの保護と活用を両輪とした制度整備が進められています（その内容は第2章で詳しく考えます）。

日本においても、２０２１年6月に「包括的データ戦略」が公表されましたが、戦略のどの部分をハードロー（法制度）として整備するのか、どの部分は民間主体のソフトローで運用するのか、また制度間の有機的な連携をどう図っていくのか、また分散型のデータ連携をどう実現していくのかなど、具体的な取り組みが必ずしも見えてきていません。

低下するインターネットの自由

1960年代のインターネット草創期。インターネットの普及は世界の人々の間で情報や知識を共有することを促し、透明で民主的な社会の実現に貢献するという期待が利用者の間に確かに存在していました。これはインターネットの基本精神である「自律・分散・協調」という面に依拠するものでした。

具体的には、インターネットを構成するルーターなどの機器は民間の人たちが「自律」的、つまり自由に設置・運用し、あちこちに「分散」しながら相互に接続されており、管理者の指示ではなく関係者で決めたルールに基づいて「協調」して運用されていました。

しかし、インターネットの重要性が増してくるにつれて国がインターネットの世界（サイバー空間）を法律などで規制する動きが強まってきました。

いわばインターネットの「影」の部分も広がってきているのです。

世界に忍び寄る圧力

もう少し具体的に状況を説明しましょう。米国NGO（非営利）法人のフリーダム・ハウスは、「ネット上の自由（Freedom on the Net）」と題する報告書を毎年公表しています。この報告書は、評価項目（後述）が安定的・網羅的であり、ネットの自由度について定点観測を行う上での貴重な資料になっています。2022年10月に公表された12回目の報告書[*15]では、2021年6月から2022年5月の間に観察されたネット上の規制や取り締まりの数々を集約し、各国の専門家80人以上で分析しています。

さて、報告書は世界70カ国を調査対象として世界のネット利用者（約45億人）の89％をカバーしており、各国ごとにネットの自由度を100点満点でスコアリングしています。

これによると、世界全体の傾向として、ネットにおける市民の活動に関して「自由」（20％［20年］→21％［21年］→18％［22年］）あるいは「部分的に自由」（32％→28％→34％）

［図1-3］ネット上の自由（Freedom on the Net）

インターネット上での活動が部分的にせよ自由な国は全体の約半分

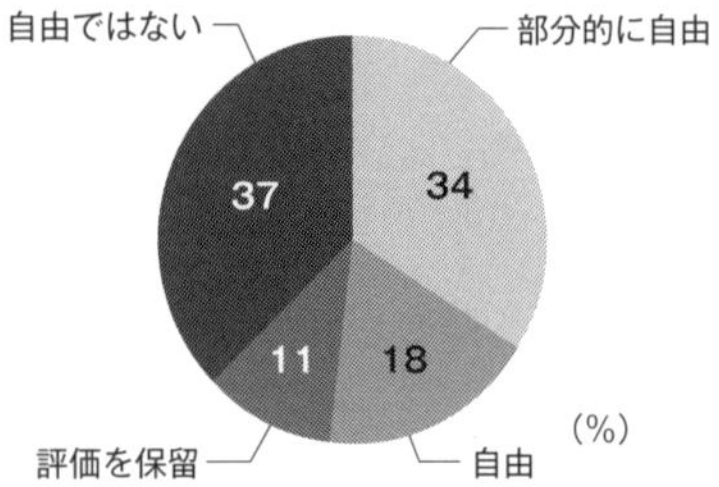

（出典）Shahbaz, Funk, Slipowitz, Vesteinsson, Baker, Grothe, Vepa, Weal eds. "Freedom on the Net 2022", Freedom House, 2022

の数値を見ると、両者を合計した比率は過半にとどまっており、対象国の約半分が「自由」または「部分的に自由」であるという状況（52％→49％→52％）に大きな変化は見られません［図1-3］。

しかし、各国の状況をより細かく分析すると、世界70カ国中、少なくとも53カ国でオンライン上での意見表明に対し公的な圧力が加えられた事案が観測されるなど、世界全体のインターネットの自由度は継続的に低下しており、「世界のインターネット利用者の3分の2以上がオンライン上において表現の自由という権利を行使しようとして国家権威者に罰を加えられる可能性がある」としています。

特に前年と比べて大きく得点が低下しているのは、ロシア（30点［21年］→23点［22年］）、ミャンマー（17点→12点）、スーダン（33点→29点）、リビア（48点→44点）の4カ国です。なお、報告書は26カ国において市民団体等の積極的な活動によりネットの自由度が改善しているという明るい兆しが観測された点にも触れていますが、他方、スパイウェア（ユーザーが気づかないうちに情報を取得、第三者へ送信する）の高度化などオンライン活動の監視手段の巧妙化も同時に進んでいるとしており、事態は一進一退の状況にあるという認識を示しています。

評価の高い国、つまりネットの自由度が高いと認められたのはアイスランド（95点）、エストニア（93点）、コスタリカ（88点）、カナダ（87点）の4カ国。これに、台湾・カナダ（79点）、英国（78点）、ジョージア（77点）、ドイツ・日本（76点）、豪州・フランス・米国（75点）が続いており、日本は世界第8位という状況にあります。

このスコアリングの基礎となる評価項目は21項目あり、ネットアクセスへの障害の大きさ（ネットインフラの整備の遅れ、政府による特定のアプリや技術へのアクセス禁止、規制体の独立性など5項目）、コンテンツに関する制約（コンテンツに関する法的制約、サイトに対するフィルタリングやブロッキング、ネット検閲など8項目）、利用者の権利の侵害（表現の自由の制約、オンラインでの活動に対する取り締まりなど8項目）となっています。

地域別に見ると、アジア太平洋地域では、台湾・日本・豪州が「自由」と評価されているのに対し、タイ（39点）、パキスタン（26点）、ベトナム（22点）、ミャンマー（12点）、中国（10点）が「自由ではない」と評価されています。特に中国については8年連続で世界最低水準の自由度であると結論づけられています。

なお、報告書ではネットにおける国家による監視干渉行為の有無（例えば、特定のコンテンツのブロッキングやネット遮断、ネット上の市民の発言や行為に対する処罰、国による監視を正当化する制度の整備など）についても分析しています。その結果、監視干渉行為を行っていない国として挙げられているのは9カ国（20年）→7カ国（21年：前年調査から豪州、マラウィ、ガンビアが脱落し、コスタリカが追加）→4カ国（22年：同じくエストニア、フランス、英国が脱落）と減少しており、日本は、カナダ・コスタリカ・アイスランドとともに、監視干渉行為を行っていない数少ない国の一つとして挙げられています。

自由と隣り合う懸念

インターネットの自由は「表現の自由」や「検閲の禁止」と表裏一体の関係にあります。例えば、「違法・有害情報」対策を政府が講じる場合でも、「違法情報」については法執行機関を中心に民間部門も必要な協力をしつつ取り締まる必要がありますが、他方、「有害情報」については規制で取り締まるよりも民間関係者の協力のもとで自発的な対策を講じることが望ましいのです。

なぜなら、誰にとって「有害」なのかということを考えた場合には価値観に左右される部分が大きく、国が一律に有害情報の範囲を決めることは政府にとって都合の悪い情報を国民から遠ざけようという動きにつながる懸念があるからです。

いずれにせよ、インターネットが社会経済基盤となり最も重要なインフラとなる一方、インターネットの自由が損なわれる地域が拡大しているなど、インターネットの影の部分にどう対応していくかということが従来以上に重要な検討課題になっています。

データ駆動社会のつくり方

私たちはこれから、データ駆動社会の実現に向けて取り組んでいく必要があります。新型コロナウィルスの流行はデジタル技術やデータの持つ行動変容をもたらす力を示しました。コロナ禍が終息に向かうなか、ここ数年のデジタル化の動きを「決して後戻りさせない」利用者本位のデジタル社会を実現する必要があります。

また、今なお深刻な状況が続くウクライナ紛争から得られる知見は、デジタル技術の活用が平常時はもとより非常時においても重要な位置を占めるようになっている事態が具体的な形で明らかになってきたということです。このため、経済安全保障におけるデータ利用やデータセキュリティ確保、さらにはサイバー空間における国際ルールのあり方などの安全保障問題についても議論を加速させる必要があります。

データ駆動社会を実現するには、データの特性を踏まえた制度見直しや新たな制度の構築を目指すことが求められます。そして、これらを実現するためのデジタル政策には、技術、経済、法律、外交そのほか多様な領域の専門家の知恵を結集することが必要です。

その際に忘れてはいけないのは、インターネットが草創期から「自律・分散・協調」の基本精神のもと、様々なネットワークの違いを飲み込んで柔軟に対応してきたからこそ、現在ではインフラ基盤になったということです。オープン性と柔軟性を基本精神とするインターネットを守り、ネットワークを通じた世界の人々の意思疎通の円滑化を確保していくことが、インターネットの未来を形成することにつながります。

そこで、第2章ではデータが経済の中核に位置するようになるなか、どのような社会制度を構築していくことが求められるのかについて「データ資本主義」という切り口から見ていきます。

註

*1 総務省「令和5年版情報通信白書」(2023年7月)
https://www.soumu.go.jp/johotsusintokei/whitepaper/ja/r05/pdf/00zentai.pdf (2023年7月20日アクセス)

*2 内閣官房「新型ウィルス感染症対策」サイト
https://corona.go.jp/ (2023年7月20日アクセス)

*3 総務省「令和3年版情報通信白書(図表2-2-3-3)」(2021年7月)
https://www.soumu.go.jp/johotsusintokei/whitepaper/ja/r03/pdf/index.html (2023年7月20日アクセス)

*4 総務省「令和3年版情報通信白書」(2021年7月)
https://www.soumu.go.jp/johotsusintokei/whitepaper/ja/r03/pdf/index.html (2023年7月20日アクセス)

*5 Business Insider ウェブサイト
https://www.businessinsider.com/ukraine-military-e-enemy-telegram-app-2022-4 (2023年7月20日アクセス)

*6 It Army of Ukraine ウェブサイト
https://itarmy.com.ua/?lang=en (2023年7月20日アクセス)

*7 一般にサイバー攻撃は情報のCIA(C=confidentiality〔機密性〕、I=integrity〔真正性〕、A=availability〔可用性〕)のいずれかの要素を損なわせる行為と解されている。

*8 日本経済新聞「投稿呼びかけるゼレンスキー氏の偽動画 米メタが削除」(2022年3月17日付)
https://www.nikkei.com/article/DGXZQOGN177EW0X10C22A3000000/ (2023年7月20日アクセス)

*9 Bellingcatウェブサイト
https://www.bellingcat.com/ (2023年7月20日アクセス)

*10 スパイなど人間による諜報はヒューミント(HUMINT:Human Intelligence)、電波傍受による

諜報はシギント（SIGINT : Signal Intelligence）と呼ばれる。

＊11 Eyes on Russia Map ウェブサイト
https://eyesonrussia.org/（２０２３年７月20日アクセス）

＊12 OpenSea ウェブサイト
https://opensea.io/collection/metahistorymuseum（２０２３年８月10日アクセス）

＊13 高度情報通信ネットワーク社会推進戦略本部「e-Japan 戦略」（２００１年１月）
https://warp.ndl.go.jp/info:ndljp/pid/12019971/www.kantei.go.jp/jp/it/network/dai1/1siryou05_2.html（２０２３年７月20日アクセス）

＊14 Google, “Fog of War : How the Ukraine Conflict Transformed the Cyber Threat Landscape”(Feb 2023).
https://services.google.com/fh/files/blogs/google_fog_of_war_research_report.pdf（２０２３年７月20日アクセス）

＊15 Freedom House ウェブサイト
https://freedomhouse.org/report/freedom-net（２０２３年７月20日アクセス）

＊16 EU, “A European strategy for data” (February 2020)
https://eur-lex.europa.eu/legal-content/EN/TXT/PDF/?uri=CELEX:52020DC0066（２０２３年７月20日アクセス）

［第2章］

データ資本への変遷

120年前の予言

1901年（明治34年）1月初め――今から120年前のお正月。報知新聞（当時）に、「20世紀の予言」と題する記事が掲載されました。[*1] 当時は東京や横浜で電話サービスが始まってまだ10年しか経っていない時代でしたが、その内容は20世紀中に実現するであろう未来予測でした。

予言の題材になった分野は多岐にわたりますが、そのうち科学技術の分野ではこんな予想をしています。

「無線電話は東京に在るものが倫敦《ロンドン》紐育《ニューヨーク》にある友人と自由に対話することを得べし」。今や携帯電話が「一人一台」を超えて普及し、ネット経由で世界中と通話することが可能です。この予言は実現しています。

次に映像伝送。「東京の新聞記者は電気力により（欧州の状況を）写真となすことを得る」とともに「その写真は天然色を現象すべし」。現代はネット経由で高精細の動画も自由にやり取りできるので、これも実現済みです。

「電話口には対話者の肖像現出するの装置あるべし」。これはテレビ電話のことかと思われますが、今やスマホで自由にビデオ通話もできるので、これまた実現済みです。

次の予言は「写真電話によりて遠距離にある品物を鑑定し、かつ売買の契約を整え、その品物は地中鉄管の装置によりて瞬時に落手することを得ん」というもの。「写真電話」を「インターネット」と置き換えれば、これもネットショッピングとして実現しています。「地中鉄管」を品物が移動するわけではありませんが、デジタル技術を活用した効率的な物流網を通じて海外からでも数日で品物が届くし、デジタルコンテンツなら瞬時に入手できます。

１２０年前の予言は見事に現実のものとなっています。記事を執筆した当時の記者の慧眼《けいがん》には驚くほかはありません。こうした予言が現実のものとなったのは、コンピュータの登場、そしてコンピュータ技術と通信技術が融合したインターネットの普及が最大の要因です。これらの技術はデジタル革命を巻き起こし、社会インフラの中核となっています。この世界は今後どのように変わっていくのでしょうか。

第二段階に入ったデジタル革命

かつて経営学者ピーター・ドラッカーは著書『ネクスト・ソサエティ[*2]』のなかで、産業革命のインパクトについて論じています。まず18世紀後半の蒸気機関の発明が工場における大量生産と労働者階級の誕生をもたらし、社会の仕組みを大きく変えました。

しかし、産業革命が実際に最初の50年間にしたことは「産業革命以前からあった製品の生産の機械化」による生産量の大幅増やコストの大幅減、そしてそれに伴う大衆消費市場の誕生でした。これは歴史的にも大きな転換点でしたが、ドラッカーは「そこに見られた変化は標準化されて品質のばらつきがなくなり、欠陥が少なくなったこと」をポイントとしています。

この状況を一変させたのが19世紀前半の鉄道の登場でした。１８２９年に蒸気機関車が現れ、各国において鉄道網が整備されるにつれ、人々はそれまでとは比べものにならない大規模な移動・輸送能力を獲得しました。そして、大量生産と大量輸送を両輪として「経済を変えただけでなく、心理的な地理概念を変えた」のであり、「鉄道こそ産業革命を真の革命にするものだった」と論じています。

つまり、産業革命は蒸気機関の発明という第一段階、そして蒸気機関を活用した鉄道網の誕生という第二段階に分けられ、第二段階の鉄道の登場が工業化社会の到来という社会構造の大転換を生み出した本当の意味での産業革命になったのです。

それでは、今私たちが経験しているデジタル革命はどうでしょうか。

デジタル革命は20世紀半ばのノイマン型コンピュータの誕生から始まりました。コンピュータは驚くべき速度で演算能力の向上やストレージの低廉化が進みました。続いて20世紀後半、コンピュータ技術と通信技術が融合したインターネットの登場によって、時間と距離の制約を超え、個人レベルで相互につながり合うことが可能になり、サイバー空間という新たな行動領域が創出されました。

さらに、21世紀に入るとＷｅｂ２・０と呼ばれる時代の双方向型の事業モデルが広く普及しました。これにより、誰もが自由に情報発信できるＳＮＳ空間がリアル空間を部分的に代替するなど、時間と距離の制約を超えて個人や組織が直接つながる形での取引やサービス提供が実現しました。

　ドラッカーは「産業革命における蒸気機関に相当するものがコンピュータ」だと評価していますが、現代の目線で捉えれば、デジタル革命の第一段階はコンピュータとインターネットによってもたらされたといえます。


　インターネットはサイバー空間という新たな仮想空間を構築することでリアル空間における時間と距離という物理的な制約をなくす動きを促してきました。そして、Ｗｅｂ２・０の時代を迎えてデジタル革命に大きな変化が生まれたのは、プラットフォーマーがビッグデータを握るようになったことが最大の要因であり、ここが分岐点になったといえます。企業や個人のデータを際限なく収集して活用するプラットフォーマーの事業展開を通じ、「データの力が社会経済システムそのものを変える力がある」とか「データによって人々の行動変容や認識の変化が生み出される」ということが明らかになりました。

　実際に２０１６年の米国大統領選挙において、最大８７００万人のフェイスブック利用者のデータがコンサルティング会社であるケンブリッジ・アナリティカの手に渡り、ドナルド・トランプ候補への支持を集めるべく投票行動に影響を及ぼしたことが明らかになりました。この事件は、データの力によって人々の行動変容を起こすことができると証明した悪しき前例として人々の記憶に残っています。

　こうしたなか、データの持つ力を最大限発揮させるには少数のプラットフォーマーがビッグデータを寡占的に保有するのでは不十分であり、多くのプレーヤーが連携することでデータ価値を最大化するというデータ駆動社会のあるべき姿が見えてきたのです。

　データ駆動社会では、これまで経験したことのないような膨大な量の、粒度の細かいデータをリアル社会から超高速に収集し、ＡＩによる高度な解析を行うことで、これまで見えなかった社会経済の動向を詳細に可視化します。

　これにより、リアル社会が抱えている課題をデータ解析によって発見する「課題発見型」からソリューションの提示・運用・改良まで含む「課題解決型」の社会に転換します。また、従来は捕捉できなかったデータを新たに収集・蓄積・解析すること、とりわけ異なる領域のデータ連携を自由かつ迅速に行うことを通じて、「部分最適型」の社会から「全体最適型」の社会に転換します。

先ほど述べたように、デジタル革命の第一段階はコンピュータとインターネットによってもたらされました。それから70年以上が経過し、「鉄道こそ産業革命を真の革命にするものだった」というドラッカーの言葉を援用すれば、データ駆動社会の実現は「デジタル革命を真の革命にする」、デジタル革命の第二段階だと位置づけることができます。

そして、データ駆動社会の実現は、データが経済を循環する血液となり、データの量、質、そして流通速度が社会経済の動向を大きく左右する「データ資本主義」の本格的な始まりでもあるのです。

デジタル化＝新しい価値を生み出すこと

デジタルトランスフォーメーション（DX）という言葉が数年前から広く使われるようになってきました。デジタル投資の目的は何か。これを日米で比較すると大きな違いがあります。

日本のデジタル投資は「業務効率化・コスト削減」（44・8%）や「既存製品・サービスの高付加価値化」（39・0%）をその目的としています。これに対し、米国では「新規事業の創出」（33・5%）、「新製品・サービスの創出」（33・3%）、「ビジネスモデルの変革」（33・1%）をデジタル投資の目的として掲げています。

日本の企業はデジタル投資をコスト削減として捉えがちな守りのデジタル投資であるのに対し、米国の企業はデジタル投資によって新しい成長領域をつくり出す、攻めのデジタル投資をしています[*3]［図2-1］。

［図2-1］デジタル改革の現状

日本企業のデジタル改革は従来の事業モデルの効率化が中心。
これに対し、米国企業のデジタル改革は全社を挙げての新事業創出を目指している

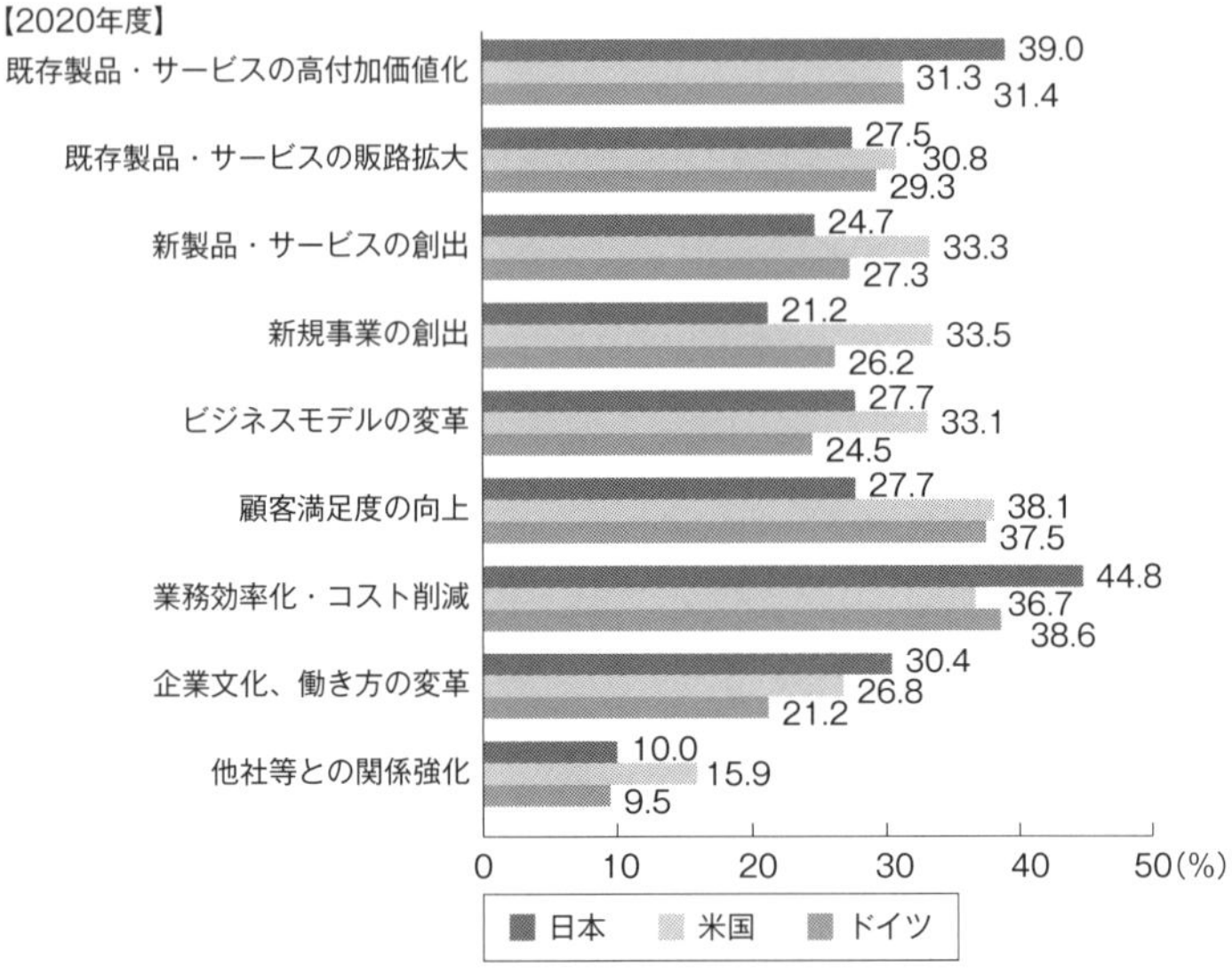

（注）総務省「情報通信白書（令和3年版）」より引用
（出典）総務省「デジタル・トランスフォーメーションによる経済へのインパクトに関する調査」（2021）

DXへの取組状況

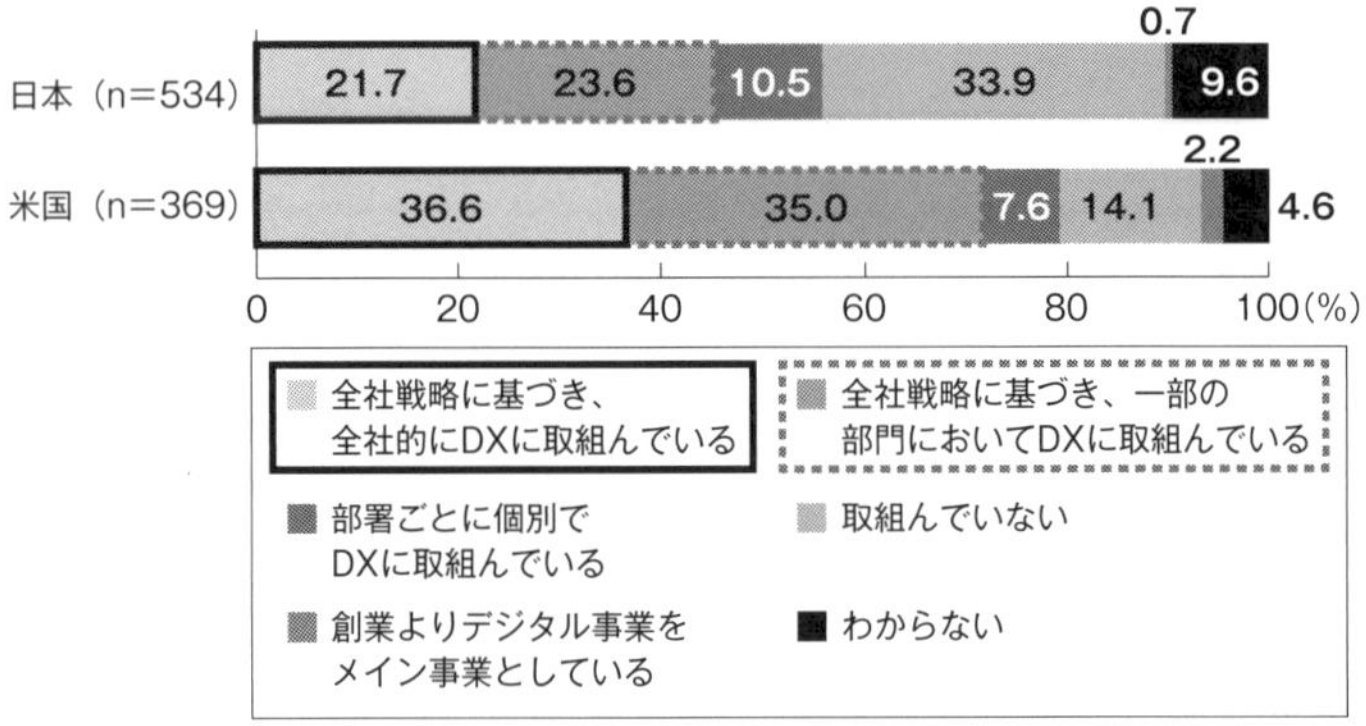

（注）IPA「DX白書2021」（2021）

また、デジタル投資に関連して企業としての全社戦略の有無を見てみると、全社戦略に基づいて会社を挙げて取り組んでいる企業は日本の21・7％（一部の部門での取り組みを含めると45・3％）に対して米国は36・6％（同71・6％）となっており、米国企業はデジタル投資を全社を挙げての戦略的投資と位置づけていることがわかります。

さらに、デジタル投資を行う上でのデータ活用の意向を日米独の3カ国で比較すると、パーソナルデータについて一定程度以上の活用を行っている日本の企業は25・1％（2019年度）から49・3％（2020年度）と倍増しているものの、米国の72・8％（2020年度）やドイツの80・9％（同左）に比べると20ポイント以上低い状況にあります［**図2-2**］。これはパーソナルデータ以外のデータについても同様の傾向が見られます。

このようにデータ駆動社会が到来しているにもかかわらず、日本の企業は依然としてデジタル投資を将来の成長を取り込むための戦略的投資として捉えておらず、またデジタル投資においてのデータ活用による企業の成長を実現しようという姿勢にも欠けている状況にあります。

［図2-2］デジタル改革の課題:データ利活用

日本は企業におけるデータ活用は進んできているものの、
米国やドイツに比べると20ポイント以上下回っている

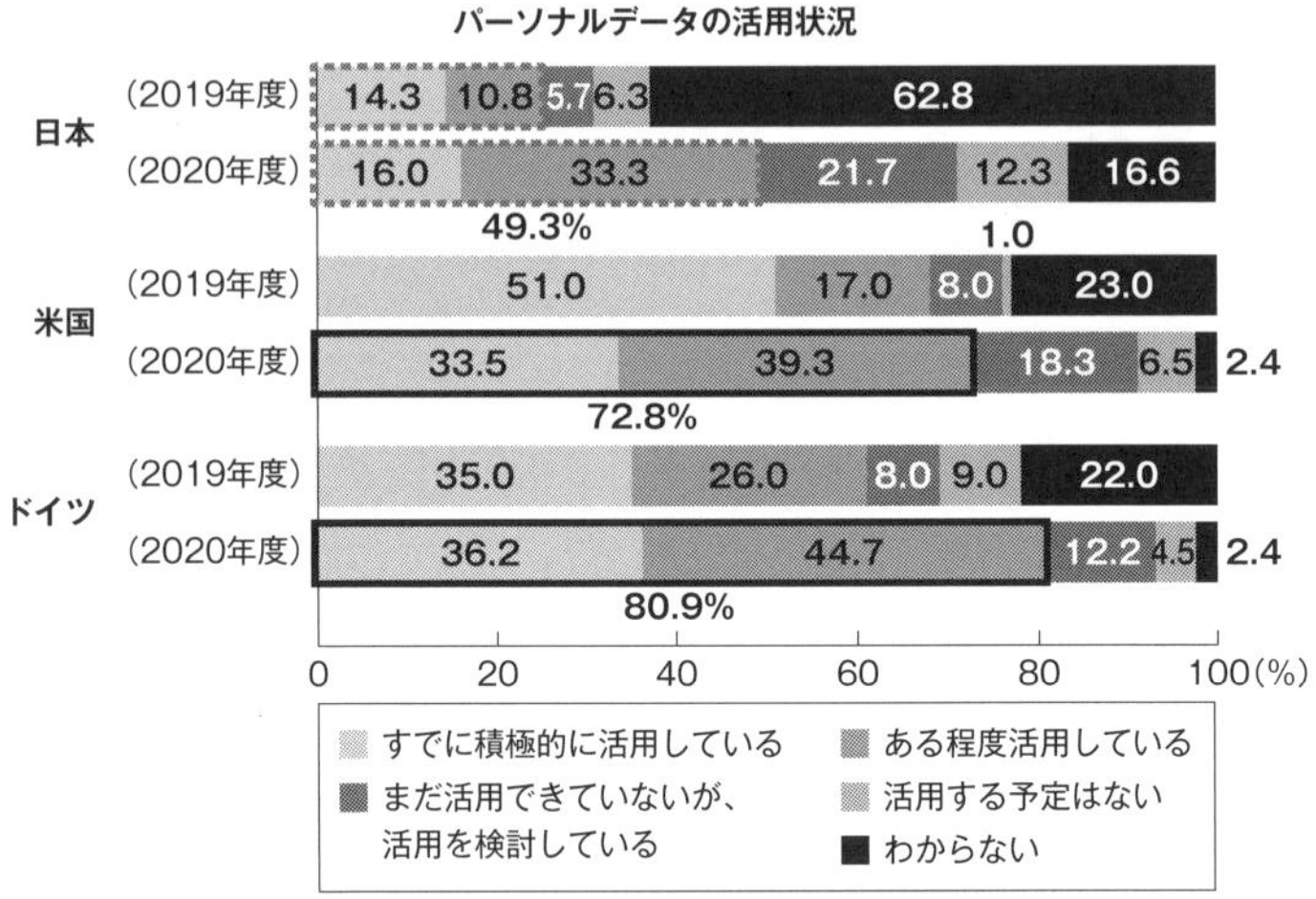

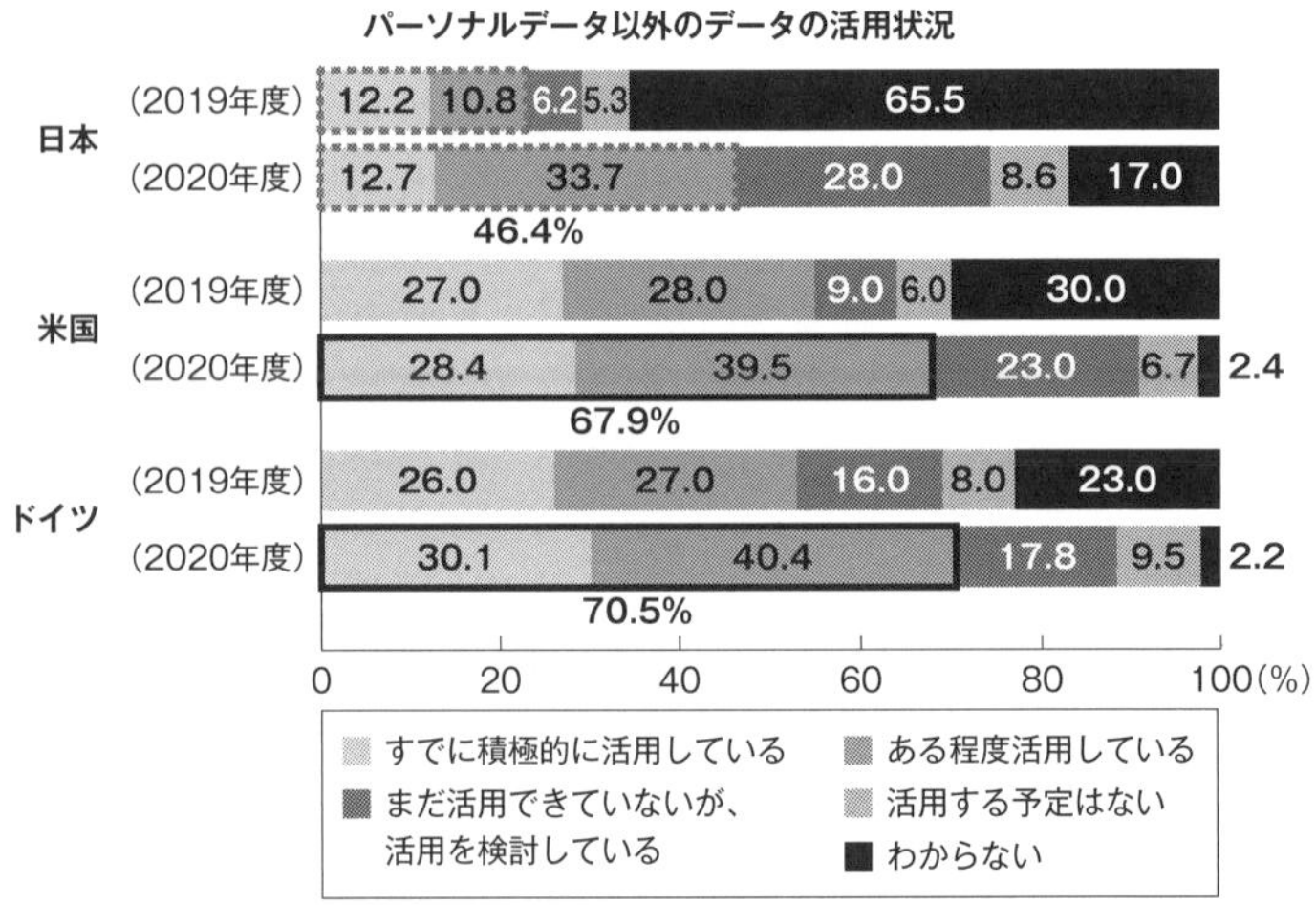

(注)総務省「情報通信白書(令和3年版)」より引用
(出典)総務省「デジタル・トランスフォーメーションによる経済へのインパクトに関する調査研究」

モノのサービス化におけるデータ活用

もともと日本は「モノづくり大国」と呼ばれ、自動車や家電製品をはじめ低廉で良質なモノの輸出によって飛躍的な経済成長を遂げました。しかし、デジタル化が進む今起きているのは「モノのサービス化」です。

従来、車を購入する場合、購入時点で車の価値は最大であり、その後の時間の経過とともに車というモノの価値が下落していきました。こうした事業モデルは販売するモノの価値を重視する「モノ中心主義（Goods Dominant Logic）」と呼ばれます。その場合の生産者と消費者の接点は車の定期点検など限られた回数の接触でした。

しかし、近年のデジタル化とともに「モノのサービス化」が急速に進んでいます。パソコンなどのデジタル機器は従来のアナログ機器に比べ価値の減耗速度が著しく速く、モノの販売だけでは投資コストを回収できなくなってきました。そこで供給者と

［図2-3］モノ中心主義からサービス中心主義へ

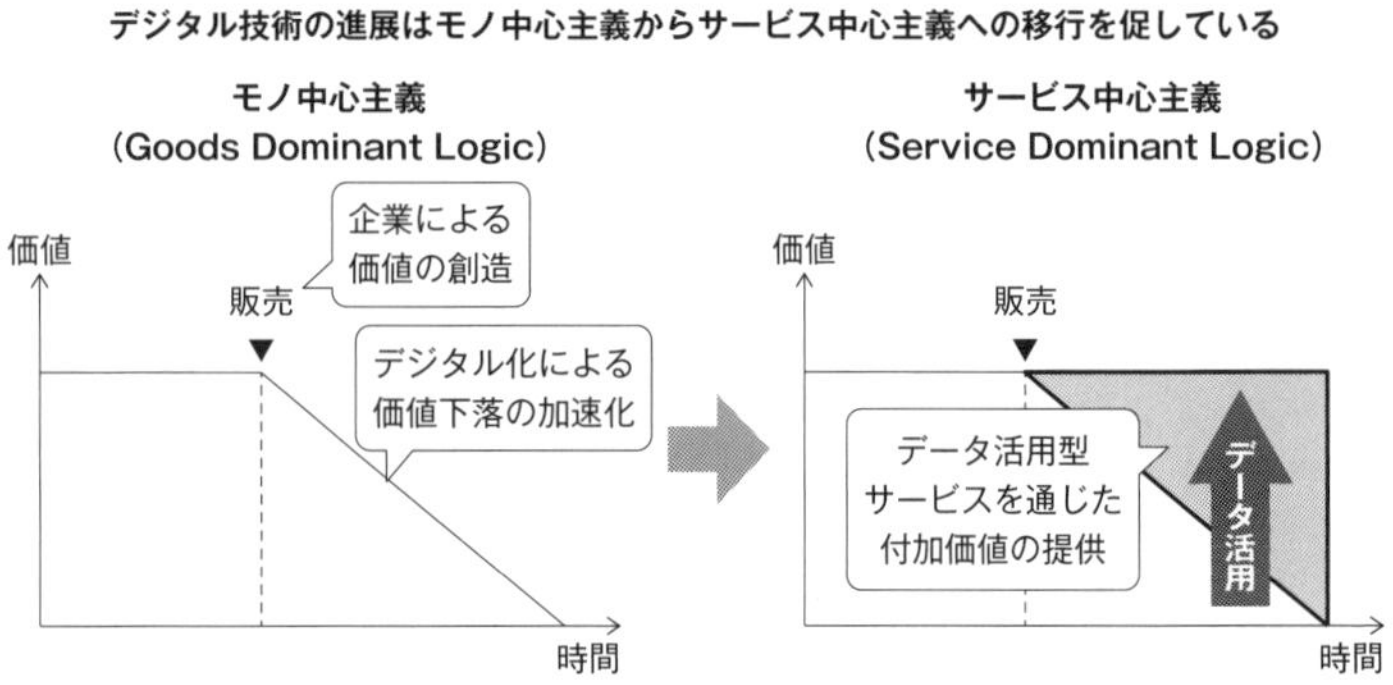

消費者（利用者）の間の関係性を継続的に維持するリテンション型の事業モデルとして月額課金といったサブスクリプションモデルが普及するとともに、使った分だけ対価を支払う“pay as you go”モデルも普及しました。この事業モデルは提供されるサービスの価値を重視する「サービス中心主義（Service Dominant Logic）」と呼ばれます。こうした供給者と利用者の間のリテンションを維持するモデルにおいて重要なのはデータであり、取得したデータを基にサービス改善や料金低廉化などを実現するようになっていきました［図2-3］。

データ駆動社会の「データ」4種類

それでは次に、データ駆動社会におけるデータにはどのようなものがあるのか整理してみます。ここでは4つの類型に整理します。

第一にパーソナルデータ。データ連携に際しては主として匿名加工情報として活用されますが、新型コロナウィルスの流行初期においては、通信各社が把握している契約者の保有端末の位置情報データなどを活用して、人流情報の提供が人々の行動変容に大きく貢献しました。[*4] 具体的には、このデータを活用することで、主要駅周辺における混雑状況が提供され、感染拡大を防ぐために外出は控えようという人々の行動変容に効果的につながったのです。

第二に、センサー等のいわゆるＭ２Ｍ（Machine to Machine）のストリーミング系データ。[*5] 自動車車両の通行データ（いわゆるプローブ情報）は3秒ごとに走行軌跡を収集するシステムとなっていて、例えばこのデータを用いて加減速度を求めることで急ブレーキの発生した場所を特定できます。実際に本田技研工業（ホンダ）が埼玉県と連携して、急ブレーキ箇所のデータ収集と対策を講じた結果、1カ月の急ブレーキの総数が９９５回から３２６回と約7割減少しました。

このシステムは２０１１年の東日本大震災の発災時にも活躍しました。ホンダが被災地域のプローブ情報をいち早く公開し、これにトヨタ自動車、日産自動車、パイオニアの各社が連携してデータ量を増やしました。このＩＴＳ Ｊａｐａｎの取り組みによって通行実績のある道路とそれ以外の道路を地図上に示し、その結果、どの道路が通行可能か、どのルートで被災地支援に入ることができるか、走行軌跡がない地域は支援を必要としている可能性が高いことが推測されるといった貴重なデータが提供されたのです。

第三にオープンデータ。国や地方公共団体が保有している統計データが公表されていますが、重要なのはこれらのデータがソフトウェアで処理できる機械判読可能（machine readable）な形で公開されている点にあります。オープンデータは地域の抱える課題の解決策を官民で見いだす取り組みなどに使われています。

例えば東京都が２０２１年度に開催したハッカソン（短期集中的にソフトウェア開発を行うイベント）では、工事現場の看板情報（標識設置届）のデータから工事関係者が多数働いている場所を特定し、昼食難民をなくすためのキッチンカーの配置を最適化するといった取り組みが発表されています[*6]。また、バスにセンサーを設置して乗降客の数などを把握し、バスルートの最適化などに役立てている事例などもあります。

第四に知のデジタル化。これまで伝統的に受け継がれてきた知恵（ノウハウ）のデータ化です。農業を例にとれば、ほ場の風向き、蓄積日照量、水温などの外的環境データを蓄積しつつ、経験と勘を基に農家の方が行う作業のタイミングや内容を記録します。これによりどのような外的環境であれば、どのような作業をするのかといった暗黙知の形式知化（構造化）が図られます。

データ活用の手法はインフラ管理の分野でも適用されています。１９６０年代の高度成長期に整備が進んだ日本の社会インフラは老朽化が進んでいます。例えばトンネルの老朽化の場合、通常はベテランのエンジニアがハンマーで叩いて行う打音検査でダメージの判断が下されてきました。微妙な音の違いを経験知として聞き分けることができるベテランの人たちが第一線を退いていくなか、インフラに多数のセンサーを装着することで、ダメージの大きい箇所を見つけて修復の優先度づけを行い、効率的なインフラ修復の筋道を立てています。[*7]

こうしたビッグデータには統計データのような静的（static）なものもあれば、ストリーミング系のような動的（dynamic）なものもあります。こうしたデータを連携させ、データ間の相互依存的な関係をＡＩなどの活用で明らかにすれば、データの解析結果を課題解決のためのソリューションづくりに生かしていくことが可能になります。

領域の壁を越えるデータ連携

２０００年代初頭から日本では累次にわたって情報化の取り組みが進められてきました。「行政の情報化」「医療の情報化」「教育の情報化」など、公共性の高い分野を中心に情報化が進められましたが、その多くは現場へのパソコンなどの端末の導入、ネット環境の整備とオンライン申請への移行など、アナログからデジタルへとハード面を置き換える転換が多く行われてきました。

しかし今、データ駆動社会として求められているのはデータ活用の重要性を認識し、特に異なる領域のデータ連携を積極的に実現させていくことです。

こうした取り組みを通じ、行政、医療、教育といった各領域（walled garden）に限定された価値創造の枠を超え、各領域のデータが相互に連携して新たな価値が生み出されていく姿、換言すれば、各領域のシステムが有機的に結びついて仮想的に一つのシステムのように機能している統合型システム（system of systems）[*8]を構築・運用していくことが求められます。

そしてこうした統合型システムを構築・運用するということは、従来のような単に紙を電子化するような「情報化」（＝digitization《デジタイゼーション》）ではなく、デジタル投資をフックとして、領域を越えてのデータ活用や連携を図り、従来の枠を超えた新たな事業創出に挑む姿（＝digitalization《デジタライゼーション》）への転換を図らなければならないのです。そして、デジタライゼーションの取り組みを加速することこそがデータ駆動社会の実現につながります。

こうした取り組みの一つが欧州におけるＧＡＩＡ－Ｘと呼ばれるプロジェクトです[*9]。ＧＡＩＡ－Ｘは市場を席巻する米国系のプラットフォーマーに対抗して、いわば連邦型のデータ連携基盤をつくろうという動きです。このプロジェクトは２０１９年10月にドイツとフランスの政府間合意に基づいて開始され、世界３７７社が参加するデータ連携プロジェクトとなっています（２０２３年８月）。

ＧＡＩＡ－Ｘにおいては寡占的なプラットフォーマーによるデータ独占を排し、様々な領域のデータ群が連邦制のように連携する形をイメージしつつ、データ連携のための環境づくりを進めようとしています。２０２０年２月に公表された欧州委員会の「欧州データ戦略」のなかでも、「委員会は欧州におけるクラウド連邦に関する取り組みと加盟国におけるＧＡＩＡ－Ｘのような取り組みの相乗効果を育てることで、分断されたクラウド連邦やデータ共有のイニシアティブが乱立することを防ぐ」と述べています。

しかし、その活動については必ずしも十分な成果が出ていないという指摘もあります。特に難しいのは、「民間企業がほかの企業とデータを共有する誘因（インセンティブ）は何か」ということにあります。環境問題など地球的課題の解決への寄与というような公共目的であるならば、むしろデータ共有を規制で義務づけるという考え方もあり得るところですし、データ共有におけるルールづくりのあり方が今後大きく問われることでしょう。[*10]

その場合、データ連携による課題解決が公共的機能としての比重が大きいのであれば、一定のデータを法的規制によって流通させることが考えられます。また、地域課題の解決など協働型の課題解決を目指すのであればＮＧＯ（非政府組織）などが主体となったデータ連携であったり、場合によってはＷｅｂ３型の分散型事業モデル（詳しくは第４章で取り上げます）として分散型組織ＤＡＯ（Decentralized Autonomous Organization）

を設立することも考えられるかもしれません。[*11] その場合、データ連携を行う貢献が認められる場合にはより多くのトークンを獲得できる、というようなインセンティブ付与の仕組みなどの知恵も求められるでしょう。

課題解決型社会への道

　では、デジタライゼーションを課題解決型のソリューションの開発にどのように生かしていくべきでしょうか。

　具体的には、少子化対策や自然災害対策の強化、環境負荷の低減、高齢社会への適応など、日本が抱えている課題の解決、すなわち課題解決型社会の実現という視点から見てインパクトの大きい分野でのソリューション開発などが期待されます。

　例えば高齢社会への適応について考えてみましょう。日本の人口は２００８年に１億２８０８万人でピークアウトし、人口減少期に突入しました（筆者注：データは総務省統計局「人口統計」による）。このトレンドは長期的に継続し、２１００年には６２７７万人まで減少します（出生中位・死亡中位推計）[*12]。これは大正時代末期の人口とほぼ同じです。

特筆すべきは総人口に占める65歳以上の割合である高齢化率の推移で、２０５０年から２１００年の間でおおむね40％で安定的に推移しています。近年は急速な高齢化率の上昇が続いていますが、長期的には年齢構造は安定的になります。当然のことではありますが、高齢化の進展は永遠に続くのではなく、ある時点で安定水準に達することになります。

　こうした人口減少は経済にも大きな影響を与えます。２０２０年の名目ＧＤＰ（５３９・１兆円）に占める家計消費（２８０・５兆円）の比率は52・０％です。[*13] 日本の人口がピーク時の３分の１になるのであれば家計消費も大幅に減少し、国力が減退することは明らかです。この減少分を埋めていかなければなりません。

　今後、日本の人口ピラミッドは高齢者に偏重している現状から全世代均等型へと転換していきます。しかも、他国と比較してみると日本の高齢化率は２０５０年の時点で中国に抜かれることとなります。また韓国やシンガポールでも急速なスピードで高齢化が進んでいます。高齢化率が７％から14％となるまでに要した時間は日本が24年であったのに対し、シンガポール（17年）や韓国（18年）の方が大幅に短くなっているのです。[*14]

　つまり日本は「高齢化先進国」であって、アジアの他国と比べても約20年早く高齢化が進んでいるにすぎないのです。日本だけが「高齢大国」になるわけではありません。そう考えると、今後20年の間に高齢者問題を解決するソリューションを開発する事業を積極的に展開すれば、他国への展開も十分見込めるということになります。

また、近年はＣｈａｔＧＰＴに代表される生成ＡＩが注目を集めています。こうしたＡＩの普及によって仕事が奪われることを心配する声もありますが、すでに述べた長期的な人口動態――２１００年の日本の人口はピーク時の3分の1まで減少すること――を踏まえれば、むしろ来るべき労働力不足をＡＩによって補い、社会システムの自動化を先行的に進めることが日本の課題解決につながるといえるでしょう。

課題①　在宅医療介護とデータ連携

それでは次に高齢者問題に関するソリューションの一つとして、在宅医療介護サービスの提供体制を大幅に改善するデータ連携の事例として、「ＩＩＪ電子@連絡帳サービス」[*15]を見てみます。

医療介護の現場では慢性的な人材不足が続いています。特に切れ目のない医療介護支援を実現するためには、現場で活躍する医師・訪問看護師・ケアマネージャー・介護スタッフ・作業療法士などの連携が重要です。しかし、実態としてデジタル化が遅れており、電話やファックス、患者宅に置かれた大学ノート（紙）による情報共有が主流という状況にあります。

そこで関係者がそれぞれパソコンやモバイル端末を持ち、クラウド経由でソフトを提供するＳａａＳ型のシステムにアクセスすることで、患者ごとの状況や気づきなど、共有すべき情報をこのシステムに書き込みます。このシステムはソーシャルネットワーク型のコミュニケーションの体裁をとっているので、関係者は各々の空き時間に書き込むことで相手の都合を気にすることなく自分のペースで専門職に連絡でき、情報共有を迅速に、かつ記録に残す形で実施できるようになっています。

デジタル技術を活用し、患者ごとに情報共有する専門職チームを設定することで、情報の共有範囲を適切に設定・制限し、プライバシーの保護が可能となるため、専門職は安心して情報連携することができます。また、業務に沿った定型文型の投稿機能やアンケートフォーム機能を提供することで、業務負担や情報連携のコストを大きく減らしています。さらに、センシティブな個人情報や医療情報を取り扱う上では堅牢《けんろう》なセキュリティが必要ですが、ＳａａＳ型のクラウドサービスという提供形態をとることで課題をクリアしています。

このサービスはデータ連携による価値向上が念頭に置かれています。例えば電子@連絡帳にワクチン接種記録を連携させることで、自身で状況を伝えることが困難な認知症や障がいのある患者も正確に専門職に接種情報を共有することが可能となります。また、救急隊が患者情報にアクセス可能とすることで、救急搬送時に重要な患者の情報はもとより、かかりつけ医や近親者の情報も参照可能となり、搬送時間の短縮だけでなく救急医療全体の質の向上につながることが期待されます。

さらに、日常だけでなく災害時にも避難行動要援護者の情報を地図上で把握することで迅速な安否確認を実現します。

また、災害による停電時において人工呼吸器を使っている患者は停電が直ちに命に関わる事態となります。そこで、例えば愛知県蒲郡市では地域の専門職らが人工呼吸器用のバッテリーを届ける支援を行っています。その際には支援対象となる方の居住地と電力会社の停電情報を連携させることで迅速な対応が可能になります。

災害時に必要なツールは災害時にしか使わないものが多く、いざ発災すると不慣れで活用できないことが懸念されますが、電子@連絡帳は日常から活用するため専門職の習熟負担を抑えることができます。「日常だけでなく非常時も使える」という

「フェーズフリー」の考え方は、地域において共助の要《かなめ》となる専門職が利用することでその真価を発揮することができます。

この電子@連絡帳サービスはすでに全国72の自治体・地域で導入されており、本人同意を得た患者・支援対象者約３・７万人、専門職約２・１万人に利用されています。さらに専門職の職種は30を超え、多様化しています。

その背景には、より複雑化した地域課題への対応が求められていることが挙げられます。例えばこども支援（虐待、いじめ、発達障害）などの課題は医療だけでなく、福祉や学校関係者も含めた多機関による協働の体制が必要となります。こうしたなか、電子@連絡帳の取り組みは、幅広い職種をつないだ多角的な活用ができる地域課題解決型のデータ連携プラットフォームとして発展していくことが期待されています。

課題②　高齢化する地域社会とデータ活用

データを活用して地域が抱える課題解決に取り組む事例は数多く出てきています。ここでは、その具体的な事例をいくつか紹介します。

中部電力とＩＩＪの合同会社であるネコリコは、ＩｏＴ機器として冷蔵庫に取りつける小型のセンサーを開発しました。これは、冷蔵庫の開け閉めをしているデータを基に一人暮らしの高齢者が健康に暮らしているかどうか見守る仕組みです。

　これに加えて、２０２２年1月からの約1年間、三重県東員町《とういんちょう》において、居宅に設置したスマートメーターで30分ごとの電気使用量を計測、先ほどのセンサーデータも加味しながらフレイル（健康状態と要介護状態の中間の状態であり、適切な治療や予防を行うことで要介護状態に進むことを回避できる可能性がある）のリスクについて分析し、その結果について通知を受けた自治体職員らが該当の高齢者宅への訪問活動を行うという仕組みを実証しました[*16]。

　この実証実験で注目されるのは、日常生活のデータを基にフレイル診断を行うだけでなく、そのデータを用いてフレイルリスクに応じた健康指導などを行い、実験に参加した住民のうち4割近くの健康状態が実際に改善するという結果が出ている点にあります。また、健康寿命を延伸するために本サービスの地域実装が今後進められていくこととなっています。

高齢化の進展は特に地域社会において大きな課題です。

日本の農家の方々の平均年齢は68・４歳（２０２２年[*17]）であり、かつ農業従事者の数が絶対的に不足する状態にあるため、このままでは定評のある日本の農業の知恵が失われることが懸念されます。こうした課題の解決に貢献する一つの例がＩｏＴによる水田水管理の取り組みです。

これは、稲作の水管理についてセンサーから取得したデータを基に稲の生育状況を算出し、算出した生育状況に応じて水の管理を自動で行う仕組みです。

これまで水管理というと稲の生育状況や栽培管理を時期（カレンダー）に応じて行うものでしたが、田植えの時期や気象条件によって異なる生育状況となる場合がありました。この問題を解決するため、稲の生育などの環境要因との関係性を数値化し、水田の水温や日平均気温を１日あたりの稲の発育量に変換する発育指数（ＤＶＩ：DeVelopment Index）を用いて、自動で水管理を行うことを可能にしたのです。ＩＩＪが開発したこのシステムは２０２１年から北海道美唄《びばい》市において関係者の協力を得て実証実験が行われ、農作業の時間を大幅に短縮するなどの成果を出しています[*18]。

このように、データを活用することで農家の知恵という暗黙知を誰もが利用できる形式知に変え、水管理の手順の自動化、すなわち省力化を実現するということが可能になっています。

課題③　交通システムとデータ解析

交通の分野もデジタル技術の実装化が急速に進んでいる分野の一つです。この分野でのデータ活用の事例をいくつか見てみることにします。

まずはドライブレコーダーの活用です。タクシー配車アプリでよく知られるＧＯは車に設置したドライブレコーダーを使って取得したドライバーの顔・目の画像や道路状況のデータを基に、車の急加速・急減速、脇見、一時不停止、速度超過などをＡＩで解析するサービスを提供しています。運送業者の管理業務の担当者はこの具体的なデータを基に自社のドライバーに安全運転を促したり、安全運転の目標設定をして、達成したドライバーにインセンティブを支給する社内制度を設けるなどの取り組みが行われ、リスクの高い運転の数を減らすなどの効果が具体的な数字で出ています。[*19]

この仕組みは２０２２年4月からあいおいニッセイ同和損保の自動車保険専用特約に組み込まれており、保険始期の時点で50％以上の自動車に導入している場合に自動車保険料６％をディスカウントする内容となっています。[*20] リスクデータの可視化によって保険料を低廉化するという取り組みは最近増加傾向にありますが、まさにデータ活用で行動変容をもたらすという、非常にわかりやすい事例の一つだといえます。

また、村田製作所は２０２１年4月からインドネシアにおいて交通量を「見える化」するトラフィックカウンターシステムを提供しています。具体的には、道路交通状況を捉えるセンサーやCO_2排出量などを計測する環境センサーを一体化した機器を街角に設置します。特に道路交通状況を捉えるセンサーについては、レーザー光を照射し反射光の情報を基に対象物までの距離や形を計測するＬｉＤＡＲ（Light Detection And Ranging）という高い測位性能を持つ技術が活用されています。こうして収集したデータは地方自治体に販売され、自治体はこれを活用して渋滞緩和策の検討や効果測定などに活用しています[*21]。

こうした取り組みは、サステナビリティ、つまりお金が回る仕組みをどう構築・維持するかという点が重要です。トラフィックカウンターシステムの場合も、センサー類を搭載した機器で得たデータを伝送するエッジサーバー、ネットワーク、データを蓄積・加工するクラウドサービスまで、基盤となるシステムとその運用に加え、収集したデータの解析や販売までを一体として行うデータプラットフォームの存在が重要な役割を果たします。

このように、ドライブレコーダーやセンサー機器類からデータを収集し、ネットワークを介してクラウドにデータを蓄積・解析を行い、その結果を都市の課題解決や運営の効率化に活かしていくという取り組みが各地で本格化しています。

課題④　モノのインテリジェント化とデータ利用

ＩｏＴ機器によるデータ収集の範囲の拡大は既存のモノのインテリジェント化にも貢献するとともに、デジタル化することでデータ取得が可能となり、その結果、データを活用した管理手法の効率化や付加価値の創造が可能となります。

例えば、鍵のＩＤ化を進めているビットロックの取り組みはその一例です。[*22] そもそも鍵というのは、その時点で鍵を持っている人を解錠の権利を有する正当な人であると推定する前提に基づいています。また複数のテナントが入居するビルの場合、共用エリアへの入場、テナントごとに個別に許されるオフィスフロアへの入場など、エリアごとに入場を認める責任者が異なる場合があり、その場合は責任者ごとに個別の鍵を設置・運営しなければなりません。

しかし、既存の鍵にＩｏＴ機能を付加（貼り付け）してデジタル化することを通じ、鍵という機能とＩＤ認証の機能を一体化する仕組みを構築すれば、ＩＤごとにどこまで入場可能か個別に権限を付与することができます。先ほどの例でいえば、共用エリアであれテナントエリアであれ、個人ＩＤごとに入場可能なエリアを設定・認証することで一元的な運用が可能になります。認証手段も物理的な鍵にとどまることなく、スマートフォンアプリなど多様な手段を用いることができます。また施設管理側からすればデータによる入退室管理が可能となり、人の流れの「見える化」を実現することにつながります。

この仕組みは千葉県にあるＩＩＪの白井データセンターキャンパスでも２０２３年４月から稼働しており、オンラインで事前登録した顔認証などを利用して入退館の自動化を実現し、受付対応業務の約７割を自動化して受付時間や待ち時間を大幅に短縮しています。[*23]

こうした既存のモノを含む認証の仕組みは、一つの場所にとどまることなく、オフィスを出て交通機関へ、その途中での物品の購入、ホテルへの宿泊、レストランでの支払いなど、異なる認証基盤を連携させる仕組みとして認証連携プラットフォームとしての機能を果たしていくことが期待されます。その際、必要な連携だけをオンにし、必要でなくなった連携はその時点でオフにするといった、柔軟で使い勝手のよい利用者本位の仕組みを実現していくことも求められます。

次に、ＴｅｎＴｅｎは自動販売機のインテリジェント化に取り組んでいます。[*24]具体的には、既存の自動販売機に小型のＩｏＴ機器を設置し、データの収集・送信を可能とします。そして、その自動販売機における飲料の販売データをネットワーク経由でクラウドに蓄積します。自動販売機の担当者は、データ解析を通じて担当する自販機の訪問計画を立て、データ解析を踏まえて推奨されるルートに従って実際に自動販売機を訪問し、品物を補充することができます。これはデータを活用した最適化の一例といえます。

また、設置したＩｏＴ機器によって自動販売機は利用者との対話ができる機能を持つようになり、キャッシュレスでの販売、ポイントの付与など、様々な機能を付加することが可能となっています。

富の変化と集中

以上で見てきたように、デジタル化はデータ活用を通じて社会の課題解決や新しい価値の創出を目指すものであり、それがデータ駆動社会の実現という本書の中心テーマになっています。

さて、このデータ駆動社会の萌《ほう》芽《が》はどこかといえば、すでに触れたように、２０００年代半ば頃から登場したＷｅｂ２・０の事業モデルに見られます。

例えばロングテール商品に対する少数の消費者ニーズを見いだし、その製品を届けるといったことは従来の市場経済では探索コストが大きすぎて困難でした。しかし、個人レベルでの需要データと供給データをマッチングさせることでロングテールの需要にも対応できるようになりました。そして、今起きているデータ駆動社会に向けた動きは、こうした動きを大幅に上回るものとなると見込まれます。

目に見えない資産の台頭

それでは、データの生成・蓄積・解析・活用が新たな経済的価値を生み出すデータ駆動社会が到来すると何が変わるのでしょうか。

従来の資本主義においては有形資産（tangible asset）を投入物（原材料）として新たな価値が生み出されてきました。例えば、企業は大規模な資金を投入して原材料や製造機械を購入し、大量の労働力を投入してモノを生産してきました。統一規格の商品の大量生産・大量消費によって経済成長を実現してきました。

しかしデジタル時代となり、有形資産に代わり無形資産（intangible asset）の重要性が飛躍的に高まってきています。なかでも目に見えない無形資産の中核をなすのが「データ」です。

有形資産の場合、需要が増加すると設備投資によって生産力の増強を図る必要があります。さもないと超過需要が生まれ、製品価格が上昇します。ところが、無形資産の場合、新たに資産を生み出すための追加費用は限りなくゼロとなります。なぜならデータを生み出すために製造機械に新たな投資を行う必要はなく、また財を生産しても原材料であるデータが目減りしない非競合性という特徴があるからです。

有形資産が主流の工業化社会において、大量生産・大量雇用を前提とした生産拡大局面では労働力不足・賃金上昇が生まれ、労働分配率を上昇させてきました。しかし、無形資産の場合はデータが一部の企業に集積される富の集中が起こったとしても労働市場には特段の影響はなく労働分配率は上昇しません。

それでは、なぜ富の集中が起こるのか。

それは限界費用ゼロというデータの無形資産としての特徴により、データ活用型のビジネスは規模が幾何《きか》級数的《きゅうすうてき》に拡大する強烈なスケーラビリティが働くからです。しかも、個人がプラットフォーマーに対して個人情報を提供する代わりに無料のサービス提供がなされていますが、個人情報の価値とサービスの価値が等価である保証はありません。むしろ個人情報の価値が提供されるサービスの価値（利用者にとってゼロ円が事実上の下限値）を上回っている場合、プラットフォーマー側が必要以上に便益を享受していることになります。

つまり、データを生み出す個人にはプラットフォーマーから十分な利益還元が行われておらず、プラットフォーマーに超過利潤が発生しています。

このような状況が続くことで、デジタル社会は少数の特定企業（プラットフォーマー）

への富の集中を生み出し、無形資産を生み出す個人への利益還元や人的資本の価値の向上（人的投資）を生み出さなくなってしまう可能性があります。一部企業への富の集中が起こるデジタル社会においては寡占的な市場構造を生み出し、さらなる超過利潤を蓄積する負のスパイラルを生じさせることが懸念されます。

無形資産は、ソフトウェアなどを除き経済統計にはほとんど表れません。これは従来の資本主義における経済統計は有形資産をベースにしてきたからであり、データ駆動社会への移行がどのような経済的なインパクトをもたらすのかについて、マクロ経済的な観点からの定量的な分析が可能な状況になっていないのです。この点は引き続き大きな検討課題です。

例えば、知的財産という無形資産はその経済的価値が算定され、企業会計にも計上されています。これは知財の売買が頻繁に行われることで「市場の評価」というプロセスを経ていることが背景にあります。同様に、データについてもデータ取引権の流通市場などを整備することでデータ需給を反映した市場価格が形成されれば、これに基づいてデータ保有の価値が実数値として企業会計に反映される「市場の評価」が実現する可能性もあります。

巨大プラットフォーマーのデータ寡占

データの経済的価値を最大化するという観点からは、データ取引の健全性を保ち、市場支配力の濫用を防止する競争セーフガードの整備が必要です。すなわち、ＧＡＦＡに代表される大規模なプラットフォーマーに対する公正競争確保のための措置が求められます。

フィナンシャル・タイムズの著名コラムニストであるラナ・フォルーハー[*25]が指摘するように、「デジタル取引の世界ではサービスを利用した対価を〝個人データ〟という新たな通貨で払う」のであり、「規制当局は消費者にとって低価格かどうかを基準に〝市場が効率よく機能しているか〟と単純に判断するのをやめ始めた。そうではなくデジタル市場は〝勝者総取り〟の世界だと理解し始めた」のです。

こうした世界では競争を価格と産出量を基に判断し、低廉な料金で提供されている限り、「消費者余剰の最大化が図られていて競争的である」という伝統的な理論は必ずしも有効ではありません。米コロンビア・ロー・スクール准教授からFTC（Fair Trade Commission：連邦取引委員会）委員長に就任したリナ・カーン[*26]が指摘するように、コストを下回る価格設定を継続して利益よりも成長を実現すると、市場支配力を獲得することがあり得ます。

前述の無料によるサービス提供は究極の競争状態が実現しているのではなく、無償で得られる個人情報の価値が提供サービスの価値を依然として上回っており、その分、プラットフォーマー側に超過利潤が発生している競争阻害的な市場環境にある可能性があると解されます。

また、複数の市場領域で事業展開をするプラットフォーマーの場合は市場の境界を越えた複数領域での大量なデータ取得を通じて他事業者がそのプラットフォーマーに依存せざるを得ない状況を生み出し、市場支配力をより確固たるものにします。

しかも、蓄積されたデータは幾何級数的に増加し、かつ領域を越えたデータ収集によりデータの価値が増加したり、ネットワーク効果を通じた市場支配力のさらなる強化を招く可能性があるのです。

［図2-4］プラットフォームビジネスにおける二面市場

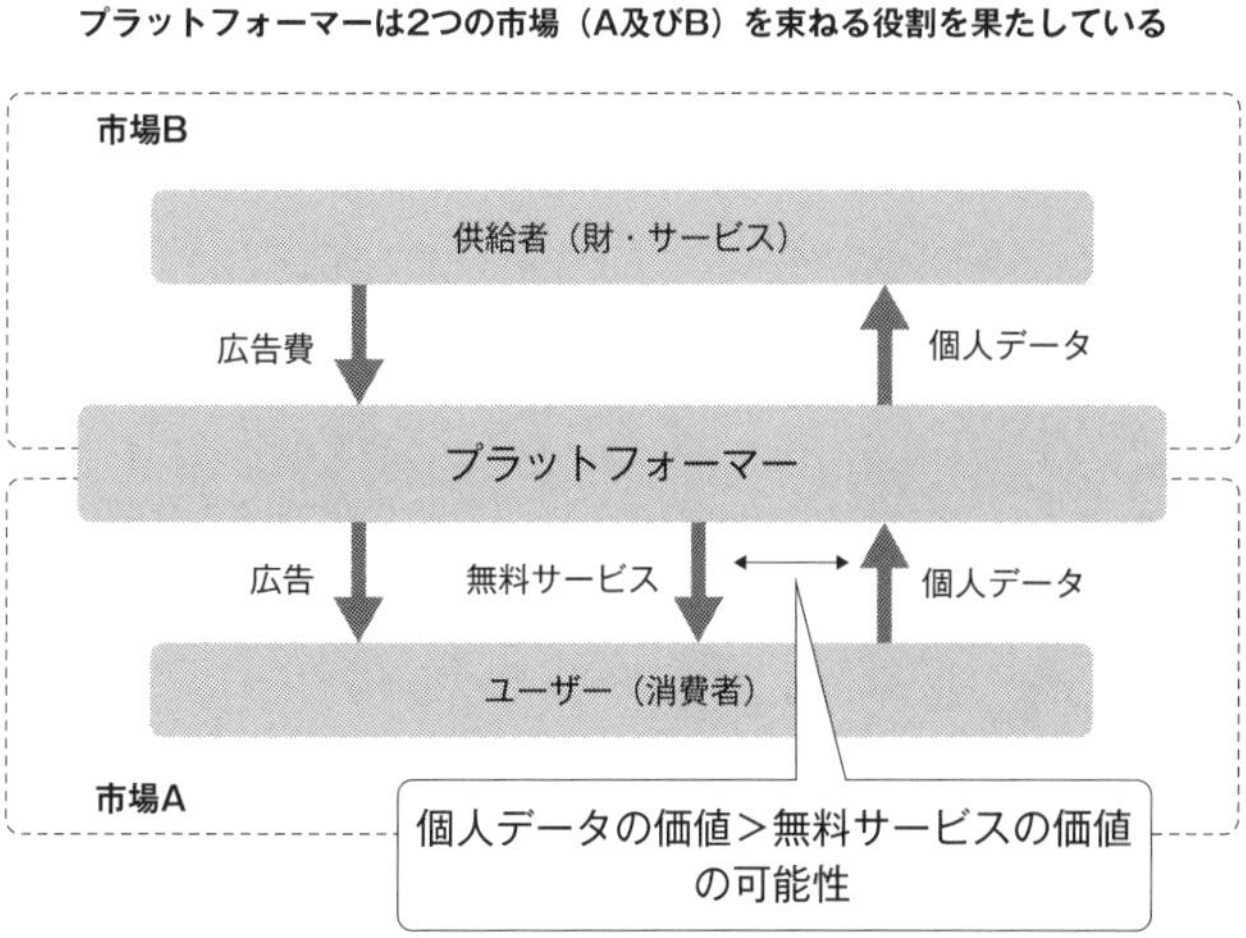

二面市場という特性

ネットワーク効果についてもう少し具体的に説明しましょう。

プラットフォーマーを巡る市場環境については、プラットフォーマーと利用者との間の市場Aと、プラットフォーマーと企業（広告出稿者）との間の市場Bの2つが存在するという、いわゆる両面市場（two-sided marketplace）という考え方があります［図2-4］。

このうち、市場Aにおいては利用者データをプラットフォーマーが収集・蓄積・加工し、市場Bにおいては蓄積された利用者データ等を企業に提供しつつ広告を掲載させて収入を獲得するということが行われてきました。市場Bにおいて企業数が増加すればプラットフォームにおいての利用者サービス等の選択の幅が広がり、より魅力的なプラットフォームにはより多くの利用者が集まり、利用者データが厚みを増すというネットワーク効果が働くというスケーラブルなモデルだといえます。

しかし、市場Aにおいても市場Bにおいても、市場当事者の交渉力は同等ではありません。市場Aにおいて利用者は無料で自らの個人情報をプラットフォーマーに提供し、その対価として無料の各種サービスの提供を受けます。従来の考え方であれば無料で提供されている限り、消費者余剰は最大化しています。あくまで競争法が射程に入れるのは市場支配力を行使して価格を競争的な市場価格以上につり上げることで〝得べかりし消費者余剰〟が失われている場合に「競争上問題あり」と判断されます。

つまり、利用者が提供する個人情報の価値がプラットフォーマーの提供する無料サービスの価値を上回っている場合、従来の考え方では問題として認識されない可能性が大きいのです。

しかも、データは無形資産として企業会計には表れないのみならず、データをコピーしてもその価値を減らすことなく複数のサービスに活用されたり、個人データを連結することでより大きな価値を生み出す規模の経済（スケールメリット）と範囲の経済（スコープメリット）を強く働かせることができます。

問題は、こうして収集された個人データをどのようにプラットフォーマーが付加価値に置き換えているかという点にあります。

一方、市場Bでは広告主である企業が個人の属性にきめ細かく対応した個人データを活用し、より効率的に広告を掲載し、売り上げ増などにつなげようとしています。しかし、プラットフォーマーの持つ個人データは膨大であり、どの程度のデータが収集・蓄積されているかについてプラットフォーマー自身は承知しているものの企業側にはわからない。ここに「情報の非対称性」が存在しており、プラットフォーマー側に有利な形で広告掲載費が決定される傾向が強くなります。

つまり、市場A及び市場Bのいずれにおいても、プラットフォーマー側に超過利潤が発生し、その蓄積がネットワーク効果を通じて幾何級数的に大きくなって市場支配力をさらに高めることになっている可能性があります。

そして、その背景には無料サービスの提供、データという無形資産の市場価値の不明確性、越境が容易で複数のサービスをバンドル（一体化）しやすいことによる事業モデルのスケーラビリティといった、プラットフォーマーならではの事業特性が大きく反映されているのです。

こうしたプラットフォーマーの市場支配力を判断していく上で、前述のとおり、利用者向けサービスの意図的な料金つり上げといったことが起きていないのであれば、伝統的な競争政策の枠組みにおいて、外形的に市場支配力を認定することは困難です。しかも、収集したデータ（いわば原材料）を単独または複数のサービスにどのように活用しているのかといったプロセスが公開されていないため、計量的にプラットフォーマーの市場支配力の有無を判断することは困難です。

英国ユニバーシティ・カレッジ・ロンドン（ＵＣＬ）が２０２１年12月に発表した報告書[*27]はこの問題に情報開示の観点から対応を迫っています。

具体的には、現行の有価証券報告書はモノの生産を前提に組み立てられていて、データビジネスには対応できていないと報告書は指摘しています。その上で、報告書は「月間アクティブユーザー数（ＭＡＵ：Monthly Active Users）」「顧客獲得費用（ＣＡＣ：Customer Acquisition Cost）」「顧客生涯価値（ＬＴＶ：Life Time Value）」などの指標の公開を求めてはどうかと提案しています。これは、単なるユーザー数ではなく個人データの収集に利用者が貢献しプラットフォーマーにより多くの価値を提供しようとしているかどうかを計測するための指標だといえるでしょう。

この報告書では、事業部門のあり方についても提言しています。すなわち、プラットフォーマーのサービスは往々にしてバンドル化されており、一つのサービスが巨大なものであってもほかのサービスとまとめて収益などが計上されている事例が多い現状にあります。

そこで、プラットフォーマーのビジネスの透明性を確保するため、一定規模以上の利用者数（前掲のＭＡＵ）または収益がある事業は独立して収支を計上するとともに、利用者データをどのように用いて収益性のあるサービスを提供しているのかというシステム・プロセスを公開することで説明責任を果たす仕組みを導入してはどうかという提案をしています。

このようなプラットフォーマーの市場独占性を計量的に把握できる情報開示の仕組みが実現すれば、市場支配力の認定を受けたプラットフォーマーの機能分離（異なるサービス間の個人データの相互利用の制限や、競争事業者に適切な対価を支払うことを条件に同等条件でのデータ利用を認めること）や、場合によっては事業体の構造分離を行うことも視野に入ってくるでしょう。

データの特性起点での制度づくり

以上のように、本格的なデータ駆動社会が到来すると、データが社会経済活動に占める比重が大きくなり、データの特性を十分踏まえた社会制度の構築が必要になります。その際、無形資産であるデータの特性を踏まえた競争ルールの見直しが求められます。独占禁止法は市場が競争的であることを前提としつつ、市場支配力の濫用などが行われた場合にはその範囲を特定（市場の画定）した上で濫用行為の有無について事後的に検証を行い、必要に応じて法的措置（例えば排除措置命令）を講じて競争阻害的な要因を解消してきました。

しかし、データという無形資産を寡占的に保有して市場支配力を濫用する場合、その阻害要因を取り除くとしても膨大なコストと時間を要するために社会経済に大きな負の効果を残すことが懸念されます。

［図2-5］データ流通の促進に向けた環境整備

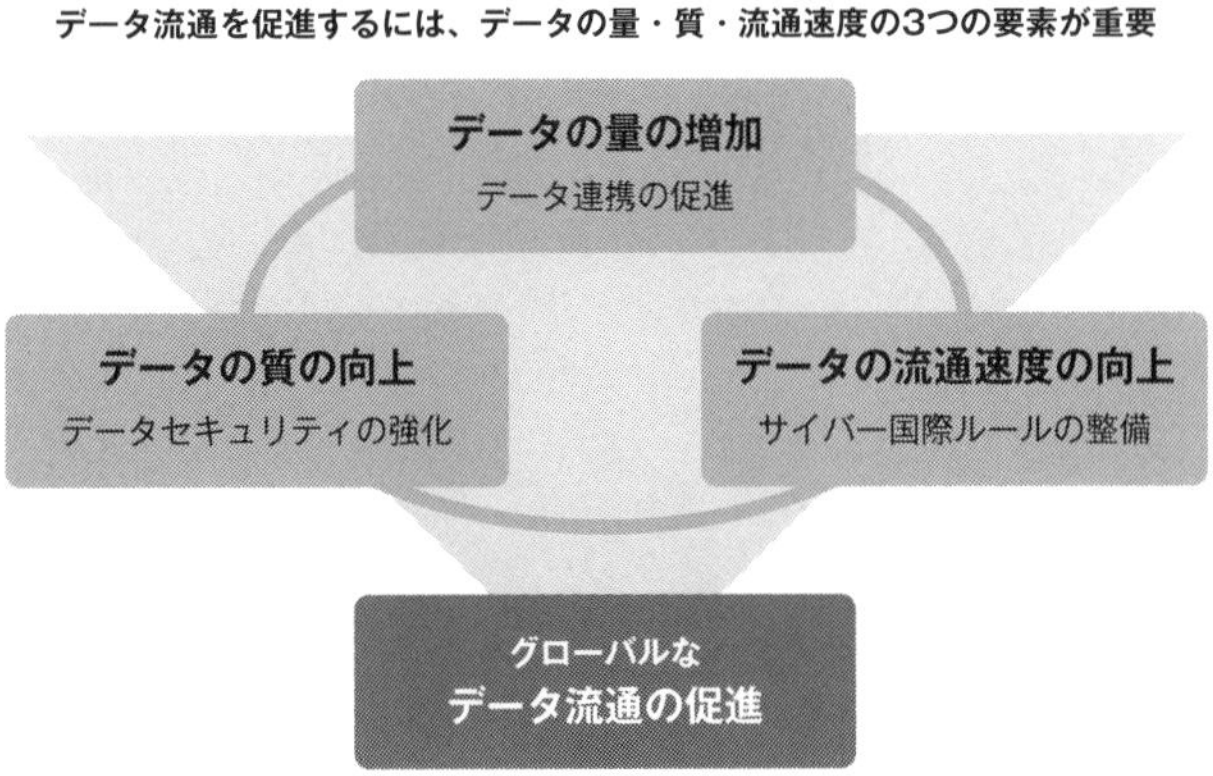

そこで欧州では、一定の事前規制を導入する試みが行われてきています。例えば、前述のUCLの報告書でも提案されている「月間アクティブユーザー数」が所定の閾《いき》値《ち》を上回る大規模なプラットフォーマー（「ゲートキーパー」と呼ばれる）についてはあらかじめ一定の規律に従うことを求めるデジタル市場法（DMA：Digital Markets Act）が欧州において2022年11月に施行されています。[*28]

データ流通促進のための3要素

そして、こうした競争法の世界だけではなく、データ駆動社会においてデータ流通を促すための制度の再構築が求められます。具体的には、データの量、質（粒度）、そして流通速度という3つの要素を改善させるような制度整備が求められます［図2-5］。

①データ量

利用可能なデータ量を増加させるためには、単にデータの絶対量を増やすだけではなく、データ連携の促進を図ることでデータの利用可能性を広げる必要があります。従来は連携されていなかったデータを有機的につなぐことで「隠れていた関係性」に気づき、新たな価値を生み出すことがデータ連携の狙いの一つです。

こうしたデータ連携を進めるには、すでに述べた欧州のＧＡＩＡ－Ｘのようなデータ連携のための環境整備を目的とするプロジェクトの推進や、競争法の見直しを通じて少数のプラットフォーマーにデータが独占されないようにする必要があります。

また、データ連携を促進するためには新たな制度の整備も必要になります。特に異なる領域のデータ連携を実現していくためには、データ様式の標準化による相互運用性の確保やデータ流通のための取引市場の整備を図る必要があります。

この点、欧州においては２０２３年９月施行のデータガバナンス法（後段で詳しく解説します）や２０２３年２月に欧州委員会が決定したデータ法案において具体策が盛り込まれています。

このうち、データ法案は端末機器（ＩｏＴ機器）が生成するデータについて第三者にも適正な対価で提供するよう、機器の設計・製造者に義務を課すという内容が盛り込まれています。ただし、この提供義務は先ほど触れたデジタル市場法で指定する大規模プラットフォーマーである「ゲートキーパー」には適用されないとしています。

データ法案はそのほか、大企業と中小企業との間のデータ利用契約について、一方的な責任制限、契約違反責任排除、独占解釈などの不公正な契約条項を無効化する規定、民間企業の保有するデータを公的機関が公益目的で利用可能（緊急事態対応時は無償）とする規定、クラウドサービス間の乗り換えの円滑化を義務にするなどの規定が盛り込まれています[*29]。

このデータ法案は、ＩｏＴ機器が生成するデータの共有促進を図るとともに、ＧＡＦＡのような大規模プラットフォーマーによる影響を少しでも緩和しようという欧州当局の考えが色濃く反映されている点はデジタル市場法と共通しています。日本においても、データ流通を促進する観点からの制度的な枠組みとして、「データ流通促進法」を業態横断的につくることを早急に検討すべきでしょう。

ちなみに、全国各地で展開されているスマートシティについても相互連携性を確保する相互接続型のスマートシティの構築を進め、より多くのデータ量をベースにした効率的な都市経営を実現することが求められます。

現在のスマートシティはそれぞれの自治体単位でデータを収集し、その解析結果を基に都市経営を行っていますが、複数のスマートシティのデータを連携させることで都市規模や地勢的な特徴なども加味したデータ結果を得ることが可能になり、より実態に即した都市経営の知恵が得られることが期待できます。

その際、スマートシティは各地で個別にゼロからつくるのではなく、クラウドで提供されるＳａａＳ型の共通システムとすることで、データ連携をより容易にするほか、システム運用コストの削減やセキュリティ対策の強化を図ることができます。

また、スマートシティのデータ連携基盤のＡＰＩ（Application Programming Interface）をオープン化し、同時に都市データのオープン化も進めることで、街の抱える課題解決のためのアプリ開発に誰もが参加できる環境をつくることも可能になります。

これまでも国内・国外を問わず多くのスマートシティ関連プロジェクトの取り組みがありましたが、今後は国などからの助成金がなくなった後も自立することができる持続可能なスマートシティとはどのようなものか、そしてその際にデータの果たす役割をどのように重視していくか、お金の回る仕組みをどう構築するかといった点について検討を深めていく必要があります。

②データの質

データ流通の促進のためにはデータの質を確保する取り組みが必要になります。データ駆動社会において、流通しているデータが改ざんされていないかどうか、いわゆるデータの真正性が確保されていることが重要です。データが流通している間に改ざんされると各種システムの誤作動などを通じて社会的・経済的な混乱を招きかねません。また、急速に開発が進むＡＩの学習データが故意に改ざんされることでもＡＩが正常に動作しなくなり、大きな混乱が広範囲に及ぶことが懸念されます。このため、データの信頼性を担保するための制度整備が必要となります。

そもそも信頼の仕組みは制度的にどのように変遷してきたのでしょうか。狩猟・農耕が基本のムラ社会においては実際に相手の顔を知っているということで信頼が構築されてきました。つまり、信頼の範囲はとても狭かったのです。それが産業革命以降の18世紀後半の度量衡制度や19世紀後半の中央銀行の設立による貨幣制度などによって、信頼の仕組みが大きく変わりました。つまり、度量衡制度は国が法制度によって重さや長さを決め、同じ仕組みを全員が守ることで正しい取引を実現します。貨幣制度も同様に法制度で貨幣価値が決められ、中央銀行がその価値を担保することで成立します。このいずれの例でも重要なのは法制度による担保であり、中央集権的な制度としての信頼が成立していることでした。

しかし、技術革新、とりわけデジタル技術の社会への実装が進むなか、民間主体の信頼確保の仕組みが次第に重要性を増すようになってきました。また、今後は分散型あるいは連携型のエコノミーの比重が大きくなるであろうと考えれば、より急速に分散型の信頼、例えば民間の複数の認証システムの連携の果たす役割が大きくなってくるものと見込まれます。

一般に、データをオンラインで送受信する事例を想定した場合、データの送信者が実在すること、その所属する組織が実在すること、データの内容などが真正であること、データの送達が確からしいことなど、が求められます。これらを担保する仕組みがトラストサービスと呼ばれるもので、具体的には、データ保有者（送信者）の真正性を証明する「電子署名」、データ保有者が所属する組織の正当性を証明する「ｅシール」、データの送信時刻の記録とデータが改ざんされていないことを証明する「タイムスタンプ」、データが確かに送信されたという送達証明である「ｅデリバリー」などで構成されます[*30]［**図2-6**］。

[図2-6] トラストサービスの仕組み

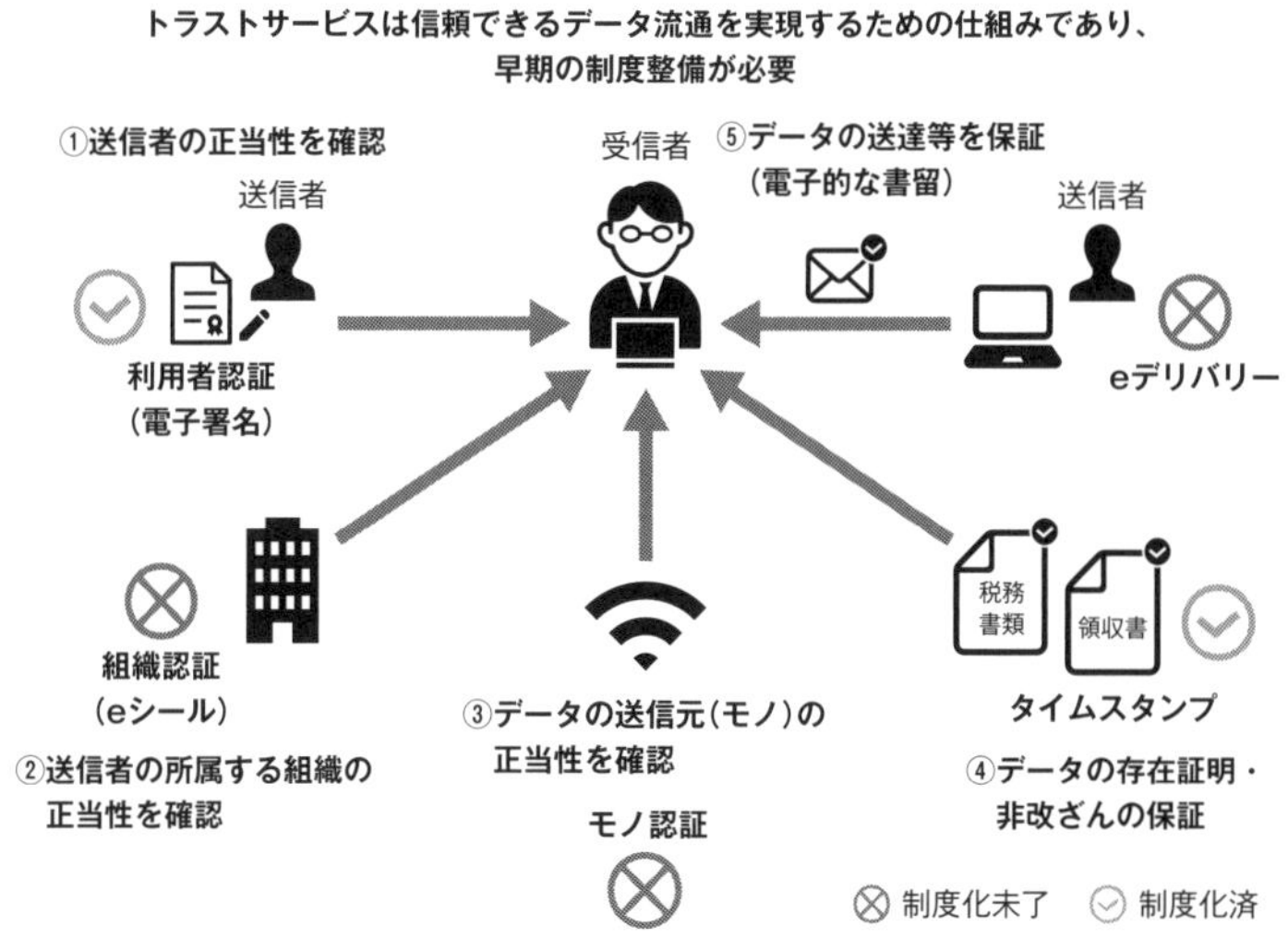

日本では、トラストサービスのなかで電子署名とタイムスタンプは制度化されていますが、そのほかはいまだ整備されていません。他方、欧州はこの分野でも先行しており、2016年に施行されたeIDAS規則に基づくトラストサービスが制度としてすでに稼働しています。

日本としてもトラストサービスの制度整備を急ぎ、個人情報保護法の分野における日欧連携（相互十分性の認定）と同様に、トラストサービスの分野でも連携し、さらにその輪を米国やアジアに広げていくことで国境を越えたデータ流通が促進されることが期待されています。

さらに、データの安全性を確保するための

［図2-7］欧州データガバナンス法

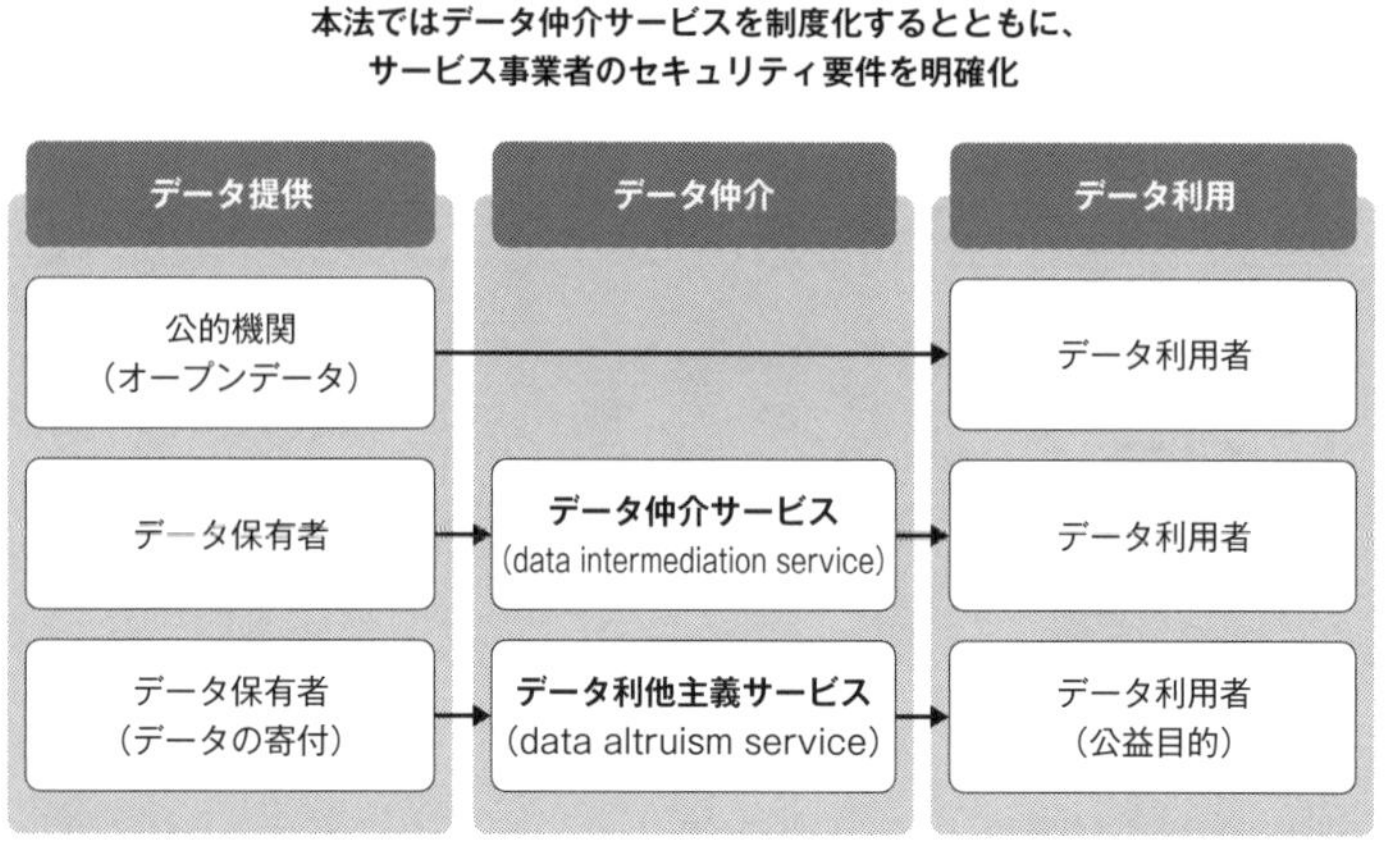

（注）生貝直人「EUデータ法構想とデータ活用法制」（21世紀政策研究所「データに関する権利のあり方報告書」［2023年3月］所収）などを基に作成。

仕組みとしては、データ流通を仲介する機関の第三者認証制度の整備などにも取り組む必要があります。例えば、先ほども触れたように、欧州では2023年9月施行のデータガバナンス法があります［図2-7］。

この法律では、データ所有者とデータ利用者との間を仲介するデータ仲介サービス（data intermediation service）が制度的に位置づけられており、データ保有者からデータ利用者へのデータ提供の中間に介在して支援するサービス（情報取引市場）、データ提供者とデータ利用者を仲介するサービス（情報銀行）、データ協働組合（data cooperative）などが含まれ、こうしたサービスを提供する際は監督当局への届出が必要になっています。そして、データ仲介事業者はデータの保管・伝送に関する高度なセキュリティ対策を講じることが求められるなど、データ活用の推進とデータセキュリティの確保を一体的に進めようという狙いがあります。

これに加えて、データ（情報）の質を維持する観点からは偽情報対策も重要です。偽情報対策については表現の自由や検閲の禁止といった点に鑑みれば法律で直接規制することは避けることが望ましく、民間主導で行うことが基本となります。この点は第3章で詳しく述べることとします。

③データ流通速度

このようにデータ駆動社会においては、データの量を増やす観点からデータ連携を促すための制度整備を進めるとともに、データの質を確保するためのトラストサービスの整備や偽情報対策などを進めていく必要があります。そしてデータの流通速度を上げていくためにはこうした制度や仕組みについて国境を越えて整合性を確保するための政策対話を国際的に進めるとともに、協定を締結して仲間づくりを増やしていくことも考えられます。

ただし、例えば欧州におけるデータガバナンス法の制定やこれに先立つＧＤＰＲの制定・施行は、欧州域内のデータの取り扱いを共通的なものとするというデータ流通促進を目的とするものである一方、域外適用によって欧州域外の事業者であってもこれらの法制度に適合しなければならないというものであり、欧州域内から域外へのデータ移転について一定の障壁を設けているものだという見方もできます。

このように、データ駆動社会に向けた各国の制度整備や主張には、様々な思惑や意見の隔たりが際立つようになってきているのもまた事実です。この点については第4章で掘り下げることにしましょう。

註

＊1 文部科学省「平成17年版科学技術白書：コラム〝二十世紀の予言〟（P7）」（2005年6月）など。

＊2 P・F・ドラッカー（著）、上田惇生（翻訳）『ネクスト・ソサエティ――歴史が見たことのない未来がはじまる』（2002年、ダイヤモンド社）、本文中の引用は第Ⅱ部第1章「IT革命の先に何があるのか？」（P.71-90）による。

＊3 総務省「令和3年版情報通信白書」（2021年7月）［図2－1及び図2－2］
https://www.soumu.go.jp/johotsusintokei/whitepaper/ja/r03/pdf/n1200000.pdf（2023年7月20日アクセス）

IPA「DX白書2021」（2021年12月）
https://www.ipa.go.jp/publish/wp-dx/qv6pgp0000000txx-att/000093706.pdf（2023年8月29日アクセス）

＊4 NHK「首都圏の人出をビッグデータで　横浜駅付近など 4月以降で最多」（2020年11月16日）
https://www3.nhk.or.jp/news/html/20201116/k10012715041000.html（2023年7月20日アクセス）

＊5 今井武「車両プローブデータとモビリティ社会に向けた防災情報の取り組み」、国際交通安全学会誌 Vol. 45, No. 2（2020年10月）
https://www.jstage.jst.go.jp/article/iatssreview/45/2/45_125/_pdf/-char/ja（2023年7月20日アクセス）

＊6 三菱総研DCS「工場現場の昼食難民を予測　東京都主催オープンデータハッカソンで最優秀作品賞獲得」（2022年12月）
https://www.dcs.co.jp/technology/report/od_hackathon/index.html（2023年7月20日アクセス）

＊7 国土交通省「令和2年版国土交通白書：第3章第2節〝持続可能なインフラメンテナンスサイクルの実現のために〟」（2020年6月）
https://www.mlit.go.jp/hakusyo/mlit/r01/hakusho/r02/pdf/np103200.pdf（2023年7月20日アクセス）

*8 "System of systems"の概念に基づくデータ連携はティム・バーナーズ＝リー（Tim Berners-Lee）のセマンティック・ウェブ（semantic web）の考え方に近い。現在のウェブはウェブページの文書構造を示すＨＴＭＬで記述されているのに対し、セマンティック・ウェブではデータの意味も記述したタグも追加で付与することでデータの自動的な連携を可能とする。

*9 gaia-x Hub Germany ウェブサイト https://www.data-infrastructure.eu/GAIAX/Navigation/EN/Home/home.html（２０２３年７月20日アクセス）

*10 日本においては一般社団法人データ社会推進協議会（https://data-society-alliance.org/）がＧＡＩＡ－Ｘと同様のコンセプト、つまり「連邦型の分野を越えたデータ連携を目指すプラットフォーム」としてＤＡＴＡ－ＥＸの構築に取り組んでおり、プラットフォーム参加者の認証機能、データ連携のための汎用コネクタロケーションサービス、データカタログ横断検索機能、ＯＳＳ（Open Source Software）の提供、データ取引市場との連携などの各種機能を実装することを目指している。また、２０２３年４月、経済産業省は情報処理推進機構（ＩＰＡ）や新エネルギー・産業技術総合開発機構（ＮＥＤＯ）などと連携して、異なる複数の情報処理システムのデータ連携を推進するイニシアティブ「Ouranos Ecosystem（ウラノスエコシステム）」を開始することを発表した。https://www.meti.go.jp/press/2023/04/20230429002/20230429002.html（２０２３年７月20日アクセス）

*11 地域の多様なプレーヤーに協働の基盤を提供するプラットフォームづくりの重要性については、國領二郎『サイバー文明論　持ち寄り経済圏のガバナンス』（２０２２年、日本経済新聞出版）を参照されたい。

*12 国立社会保障・人口問題研究所「日本の将来推計人口（令和5年推計）」（２０２３年４月）https://www.ipss.go.jp/pp-zenkoku/j/zenkoku2023/pp2023_gaiyou.pdf（２０２３年７月20日アクセス）

*13 消費者庁「令和３年版消費者白書」（２０２１年６月）

https://www.caa.go.jp/policies/policy/consumer_research/white_paper/assets/2021_whitepaper_all.pdf

＊14　内閣府「令和４年版高齢社会白書」（２０２２年６月）
https://www8.cao.go.jp/kourei/whitepaper/w-2022/zenbun/04pdf_index.html（２０２３年７月20日アクセス）

＊15　ＩＩＪウェブサイト「ＩＩＪ電子＠連絡帳サービス」
https://www.iij.ad.jp/biz/e-note/（２０２３年７月20日アクセス）

＊16　https://www.necolico.co.jp/news/2023/02/27/release/post-2062/

＊17　農林水産省「農業労働力に関する統計」
https://www.maff.go.jp/j/tokei/sihyo/data/08.html（２０２３年７月20日アクセス）

＊18　ＩＩＪウェブサイト「ＩＩＪ、発育指数に基づいた水田の水管理を自動化する技術を開発」（２０２２年12月）
https://www.iij.ad.jp/news/pressrelease/2022/1216.html（２０２３年７月20日アクセス）

＊19　ＰＲ　ＴＩＭＥＳ「次世代ＡＩドラレコサービス『ＤＲＩＶＥ ＣＨＡＲＴ』契約車両５万台突破！」（２０２３年２月）
https://prtimes.jp/main/html/rd/p/000000172.000030664.html（２０２３年７月20日アクセス）

＊20　ＰＲ　ＴＩＭＥＳ「累計３万台突破！次世代ＡＩドラレコサービス『ＤＲＩＶＥ ＣＨＡＲＴ』事故削減効果が評価され、あいおいニッセイ同和損保の自動車保険専用特約に採用」（２０２２年３月）
https://prtimes.jp/main/html/rd/p/000000128.000030664.html（２０２３年７月20日アクセス）

＊21　村田製作所ウェブサイト「企業間アライアンスによって創造する、村田製作所の新しいデータビジネスとは（前編）――現地パートナーと共創する新事業」（２０２１年３月）
https://article.murata.com/ja-jp/article/new-businesses-through-business-alliances-1（２０２３年７月20日アクセス）

＊22　bitlockPRO ウェブサイト

https://www.bitlock.workhub.site/（２０２３年７月20日アクセス）

＊23 bitkeyウェブサイト「ビットキーのworkhubが大規模データセンターに初導入。ＩＩＪ白井ＤＣＣの入退館受付手続きを自動化」（２０２３年４月）
https://bitkey.co.jp/newsroom/20230404/（２０２３年７月20日アクセス）

＊24 TenTenウェブサイト「ＣＡＳＥ　ＳＴＵＤＹ（導入事例）　ロイヤリティマーケティング」
https://mytenten.co.jp/services/（２０２３年７月20日アクセス）

＊25 ラナ・フォルーハー「フェイスブック提訴の意味」日本経済新聞（２０２０年12月18日付）
https://www.nikkei.com/article/DGXZQOGM171PB0X11C20A2000000/（２０２３年７月20日アクセス）

＊26 Lina M. Khan, "Amazon's Antitrust Paradox," *Yale Law Journal*, vol. 126, no 3, 2017(January 2017)
https://www.yalelawjournal.org/note/amazons-antitrust-paradox（２０２３年７月20日アクセス）

＊27 University College London (UCL), "Crouching Tiger, Hidden Dragons : How 10-K disclosure rules help Big Tech conceal market power and expand platform dominance," (December 2021)
https://www.ucl.ac.uk/bartlett/public-purpose/publications/2021/dec/crouching-tiger-hidden-dragons からダウンロード可能（２０２３年７月20日アクセス）

＊28 デジタル市場法（ＤＭＡ）の内容については第3章を参照。

＊29 生貝直人「ＥＵデータ法構想とデータ活用法制」（21世紀研究所「データに関する権利のあり方」報告書［２０２３年３月］所収）

＊30 総務省「令和3年版情報通信白書：第2部第5節〝トラストサービスに関する取り組み〟」（２０２１年７月）
https://www.soumu.go.jp/johotsusintokei/whitepaper/ja/r03/html/nd255240.html（２０２３年７月20日アクセス）

［第3章］

データ流通基盤の幕開け

集中と分散

コンピュータの歴史は集中と分散の繰り返しの歴史だといえます。

例えば数十年前までは、コンピュータ（電子計算機）といえば大型のメインフレームで、データ処理を行う計算機能力（インテリジェンス）が中央に集中しているのが通常でした。空調の効いたコンピュータ室に大型のコンピュータが鎮座している、そんなイメージです。

しかしその後、汎用性の高い小型のコンピュータが企業などに多数導入されるようになってインテリジェンスが分散し、ユーザー側でデータ処理が行われるようになりました。そしてその後、高速大容量のブロードバンドサービスの普及が進み、同時に並列分散処理技術（一つのタスクを分割して複数のコンピュータで同時並行的に処理していく手法）や仮想化技術（ネットワークやＣＰＵといった物理的なリソースをソフトウェアによって柔軟に統合・分割する技術）が進展したことから、再度、インテリジェンス集中型のクラウドサービスが主役となり、多くの利用者がデータセンターにあるコンピュータ資源を割り勘で使うなど、利用者のニーズに応じてコスト負担を柔軟にすることができるようになってきました。

一方でデータ処理の遅延防止も重要なテーマになっていきました。例えば車の自動運転の場合、データを遠くのデータセンターまで送って処理していると、その間に車が衝突しかねません。そこでこうしたデータの送受信や処理の遅延を防ぐ手段として、ネットワークの端のエッジ（利用者に近いところ）でデータ処理を行うインテリジェンス分散型のエッジコンピューティングなどが登場してきています。

そして現在は、集中型のクラウドサービスと分散型のエッジコンピューティングの組み合わせの最適解をユースケースに応じて模索している段階にあるといえます。

ネットワークの世界においても、電話に代表される従来の回線交換網は階梯《かいてい》（ヒエラルヒー）型のネットワークであり、発信元から受信先までのエンド・トゥ・エンドで通信会社が全体を管理・運用する集中型の仕組みでした。しかしその後、従来は単体で使われていたコンピュータがネットワーク化され、通信プロトコル（TCP／IP）に基づき複数のルーターを経由してバケツリレー方式で相手にデータが届けられる「自律・分散・協調」型のインターネットが１９９０年代から広く一般に普及しました。

このように、ネットワークの世界においても集中から分散への大きな流れをたどっています。これはインターネットが通信技術とコンピューティング技術を統合したものであることを踏まえれば自然な流れだといえます。

ＰＣやスマートフォンなどの端末、ルーターやサーバー、光ファイバーなどで構成されるデータ伝送のためのネットワーク層のその上に、データ流通層が位置づけられます。ネットワーク層という高速道路網の上に、データ流通層というトラック運送網が成り立っているイメージです。

インターネットが急速に普及するなか、データ流通のあり方も大きく変わってきました。集中と分散は二項対立的なものではなく、集中から分散への流れを基本としつつも、両者のベストミックスを模索する動きが今後も継続していくだろうと考えられます。

巨大プラットフォーマーが変えたサイバー空間

データ流通層の進化はウェブサービスの進化の歴史だといえます。よく知られているように、ウェブサービスはいくつかのステージを経て、段階的に進化してきています。

インターネット初期（１９９０年代以降）のＷｅｂ１・０では、企業・個人が作成したホームページを利用者が閲覧するという形が一般的で、情報提供者（ホームページの開設者）から情報利用者（ネット利用者）に向けての片方向の情報の流れでした。まだ検索サービスは登場しておらず、ウェブサイトの接続先ＵＲＬを掲載したイエローページなどが紙の書物として販売されていました。

続くＷｅｂ２・０の世界では、利用者もＳＮＳへの投稿など自らが情報発信の役目を担うようになりました。いわゆるＵＧＣ（User Generated Content）です。これにより、従来の情報提供者と情報利用者の間で情報が双方向に行き交うようになりました。１９９７年にグーグルがサービス提供を開始した検索サービスやツイッター（現Ｘ）やフェイスブックに代表されるＳＮＳなどの登場は、そもそも情報提供者と情報利用者という垣根をなくす方向に作用しました。誰もが情報の発信者となり、その情報を時間や距離の制約を超えて多くの人々が共有する時代となったのです。

しかし、その後Ｗｅｂ２・０は大きく変質していきます。検索サービスやＳＮＳサービスの提供を担うプラットフォーマーが次第に提供するサービスの内容を拡大し、個人のネット利用者と企業などとの間の「情報取引の結節点」として存在感を高めるようになりました。

すでに第２章で見たように、データの特性である限界費用ゼロの費用構造や非競合財という特徴、データを介して関係者の輪が幾何級数的に膨らんでいくネットワーク効果などが相まってプラットフォーマーが巨大な存在となり、膨大なデータを排他的に蓄積・利用するような状況になったわけです。

この状況に至って、人々は巨大プラットフォーマーの提供するサービスの利便性は認めつつも、データの持つ強大な力を認識しています。その振る舞いに対して「ビッグブラザー」的な情報収集を行う現在の市場構造を改め、政府が「行き過ぎた集中」

を排除するための取り組みを行うことが必要だという議論が行われるようになりました。

この「行き過ぎた集中」に対し、欧州では事前規制を含む競争法の強化を盛り込んだデジタル市場法の制定といった制度的な対策を講じているのはすでに述べたとおりです。具体的には、事後規制として市場支配力の濫用を是正する従来の競争法の仕組みに加え、一定の要件を満たす市場支配力を有するゲートキーパーに対して事前規制を適用しているのです。

Web3の登場

こうした競争法の見直しといった制度的な対応とは別に、集中から分散という流れのなかでテックコミュニティから出てきた新しい動きがWeb3[*1]だといえます。

Web3はプラットフォーマーにデータを集中させるのではなく利用者自身がデータを記録する「分散化」の仕組みで、記録されたデータは「透明かつ検証可能」な形で保持されるものです。これを実現する上で基幹となるのが分散台帳技術の一つであるブロックチェーン技術です。

この仕組みを活用することで、これまでデジタル財は複製が自由かつ質が劣化しないという性質があるなかでNFTによって希少性を付与したデジタル財の流通や仲介機能を介在させない送金などを可能とする分散型金融（DeFi:Decentralized Finance）、ブロックチェーン技術を活用した分散型組織であるDAOなどの具体的な取り組みが各方面で数多く展開されています。

こうしたウェブの3段階の進化について、Ｗｅｂ１・０では〝read〟（片方向）の機能しかなかったものが、Ｗｅｂ２・０では〝read & write〟（双方向）の機能を有するようになり、さらにＷｅｂ３においては〝read & write〟に〝own（所有）〟あるいは〝join（参加）〟の機能が追加される、と整理を試みる向きもあります。

さて、データ流通層において、少数の巨大プラットフォーマーによるデータ寡占がもたらす弊害はこれまでも繰り返し指摘されており、前述のとおり、これに対応するための競争法の見直しなどが各国で進んでいますが、これに加え、分散型のデータ流通の仕組みをつくろうというのがＷｅｂ３の動きであると捉えられます。

ただし、データの分散流通それ自体が目的ではなく、あくまでデータのコントロール権を少数のプレーヤーから広く個人に開放しようというのが主たる狙いです。ちなみに、Ｗｅｂ３における分散型のデータ流通網は、ソフトウェアベースで柔軟な改変が可能であり、かつオープン（公開）プロトコルによって誰もが参加可能であるといった特徴を持っています。他方、当面は安定したパフォーマンス確保のための方策や、インフラ基盤となり得るだけのスケーラビリティを持つことができるかなど検討すべき課題も多いとの指摘もあります。また、ブロックチェーンを稼働させるためのエネルギー効率を改善しなければならないという課題もあります。現状においてWeb3の可能性については、ポジティブな評価とネガティブな評価に分かれている状況にあります。

この点、Web2・0を提唱したティム・オライリーは、自身のブログで次のような見解[*2]を述べています。

彼は、まず「テック産業はこれまで分散化と再集中化を繰り返してきたが、ビッグデータによって可能となる巨大な権力の集中化を予測できなかった」と指摘し、Web2・0時代におけるプラットフォーマーのもたらした弊害を指摘しています。その上で、「Web3の理想主義は好ましいものの、理想が現実に結びついておらず、現状ではまずWeb3のビジョンのパーツに集中する時期だ」としています。[*3]

この論評は極めて現実的であり、Web3のコンセプトを語るには技術的進歩など、なお予見できない部分も多くあることからも、ブロックチェーン技術を含む分散台帳技術を使ったWeb3型の個別の事業モデルの開発に注力すべき段階にあるといえるでしょう。

例えば第2章では、データ連携が重要であるにもかかわらず各主体がデータを持ち寄る誘因に欠ける面があると指摘しましたが、DAOの仕組みを使ってデータ連携を図り、データ提供者に対してトークンによる報酬が与えられるような、参加者にインセンティブを付与する仕組みづくりも考えられます。

分散型事業モデルが抱える課題

Web3を取り巻く市場環境は日々変化しており、現時点で政策的な課題を明らかにするのは難しい状況にありますが、Web3が分散型事業モデルを実現するものだという点について、「事業革新をやめない」を前提にしつつ、次の2点について指摘することができます。

まず、新しいWeb3型の事業モデルが多数生まれるよう、制度的なあい路を除去していく必要があります。とはいえ、既存の法制度の見直しを行うとしても分散型事業モデルそのものが現時点では多様であり一定の方向性や類型が見通せないものである以上、個別の法改正で対応することは困難な面があります。むしろ、分散型事業モデルについては既存の制度に適合しないものであっても事業展開を認めるサイバースペース特区のような取り組みや後述する共同規制などソフトロー（法的拘束力のない自主的なルール）のアプローチが考えられます。

　これに関連して、２０２２年12月に公表されたデジタル庁の報告書[*4]において、「①分散化により、仲介者が不在となり、サービス・ツールの提供に係《かか》る責任の所在と規制のターゲットが曖昧となる。②自律性により、規制当局が介入してもサービス・ツールを停止できなくなる可能性がある。③匿名性により、規制当局による追跡可能性が失われる可能性がある。④耐タンパー性（筆者注：外部からの情報への不正アクセス・改ざんを防ぐこと）により、ネットワーク参加者の合意なく記録の修正や削除が不能となり、規制当局が介入しても事後補正ができなくなる可能性がある。⑤開放性により、許可なく誰でも開発可能・参加可能な環境となり、責任の所在が不明確になる。」という課題が提示されており、分散型事業モデルに関連する課題については倫理面の観点からの検証が必要です。

　こうした議論に加え、２０２２年11月には暗号資産取引所ＦＴＸの経営破綻が起き、分散型事業モデルに対する不安や懸念が各方面から出されるようになるなか、倫理面から検証していく必要があるとの指摘は国際的にも出てきています。

例えば、２０２３年３月に公表された米国専門家による「分散化された社会技術の倫理」と題された報告書[*5]では、分散型事業モデルとして組成する個別の事業モデルについて、透明性の確保、公平なガバナンスの確保、中立的な第三者による評価など、分散型事業モデルとして倫理的な観点からの検証を可能にするための評価軸（ソフトロー的なアプローチ）の確立が必要だとしています。

ブロックチェーン技術を含む分散型事業モデルについて、分散型だからといって、直ちに民主的で公平性が担保されているとはいえません。

分散型事業モデルのガバナンスが公平かつ透明なものかどうか、ＤＡＯの意思決定プロセスが真に民主的かどうか、分散型事業モデルの健全性や透明性が確保されないことによって国の政策効果が低下するかどうか、分散型事業モデルにおける独占や寡占にどう対処していくか、国境を越えた分散型事業モデルが増加するなかでルールの国際的整合性をどう図るかなど、引き続き市場の実態を見ながら検討していくことが必要です。

デジタル政策への拡張

　以上見てきたように、コンピュータやネットワークが集中と分散を繰り返し、そのベストミックスがどこにあるのかを常に模索している現状にあります。また、それらの上に位置するデータ流通層においてもＷｅｂ２・０の後半で登場した巨大プラットフォーマーによる「行き過ぎた集中」を是正するとともに、Ｗｅｂ３の流れのなかで登場する分散型事業モデルの普及を通じて、より分散型に比重を置いた市場環境をつくり出していく、それによってデータの横連携が進みやすい環境を整えていくことが求められています。

　事業領域を４つのレイヤー、すなわち端末、ネットワーク、プラットフォーム、データ流通に分けた場合、１９８５年の通信自由化（競争原理の導入）以降、政府が関

［図3-1］デジタル政策への転換

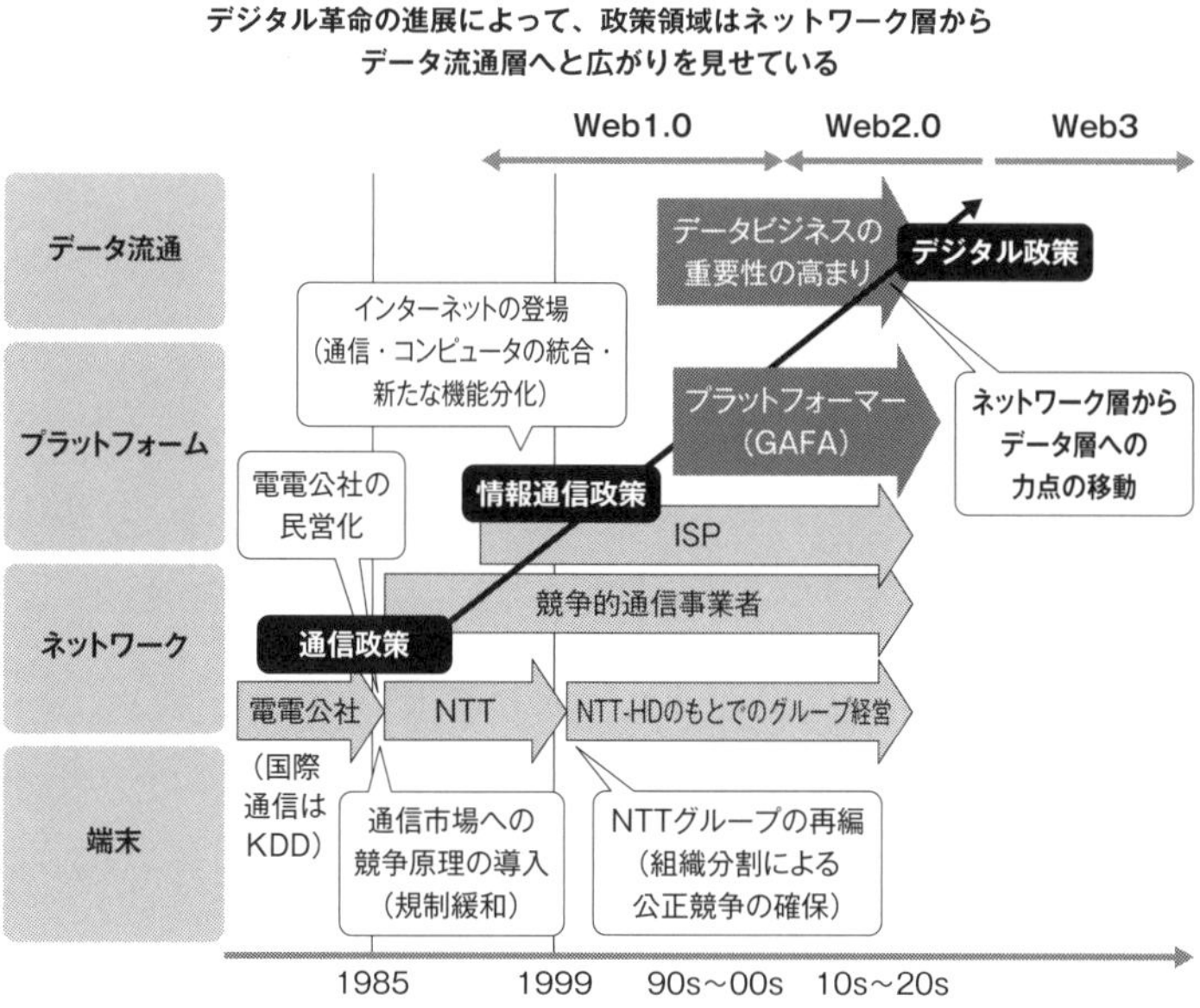

与し、何らかのルール形成が行われる政策領域は次第に上位のレイヤーへと拡張してきました［図3-1］。

具体的には、通信自由化の際に当時の電電公社が民営化され、民営化後のＮＴＴと新規参入した複数の競争的通信事業者との間の公正競争を確保することが喫緊の課題となりました。なぜなら電話網を効率的に整備するという公共目的のもとに法的に独占を保証された形で構築されてきたＮＴＴのネットワークは圧倒的な力を有していたからです。

こうした課題は通信市場に競争原理（市場メカニズム）を導入したすべての国が直面した大きな課題でした。

そこで、通信会社が各々自前の通信ネットワークを構築してサービス提供を行う設備競争（facility based competition）と、競争導入の前から存在していた公共的な通信設備を適正な対価で開放し、そのネットワークの上で多様なサービス提供を競うサービス競争（service based competition）という２つの競争モードを並走させつつ競争促進を促すという政策の基本的な方向性が定まりました。

特にサービス競争の分野では地域通信市場（主として県内に閉じた通信）においてボトルネック設備を保有するＮＴＴ（現ＮＴＴ東西）の地域通信網をほかの競争的事業者に公正かつ透明な条件で開放する接続ルールの策定などの施策が展開されました。[*6]

その後、１９９０年代に入りインターネットの民間開放が進み、ＩＩＪをはじめとしたＩＳＰ（インターネット接続事業者）が次々と登場するなど、ネットワーク上で事業を展開する自前の回線を持たない事業者の数が大きく増加しました。１９９０年代後半からは高速大容量のブロードバンドサービスが登場し、回線交換網（ＰＳＴＮ：Public Switched Telephone Network）からＩＰ網への移行が始まりました。ちょうどこの頃からＷｅｂ１・０の事業モデルが普及し始め、コンテンツ関連を含む幅広い分野を対象領域とした情報通信政策という枠組みが形成されるようになり、同時に情報通信技術の利活用や利用者保護の観点からの議論も多くなりました。

その後、Ｗｅｂ２・０型の事業モデルが多数登場しました。利用者側も情報発信を行う双方向型のＷｅｂ２・０の事業モデルが普及するなか、利用者と企業の間をつなぐ仲介役としてグローバルに事業を展開するプラットフォーマーが登場し、それに伴って競争上の課題なども生まれ、政策領域はさらに上位、すなわちプラットフォーム層やデータ流通層にまで拡張することとなりました。このプラットフォーマーの登場により、データが経済的な価値を持つ存在としてクローズアップされるとともに、少数のプレーヤーによるデータの寡占が市場競争を阻害し富の集中を招いているという議論を生み出すことになりました。

　このように、「通信政策→情報通信政策→デジタル政策」という政策領域の拡張のなかで、幅広いレイヤーにまたがる政策議論が行われるようになってきているのです。

政策における中立性とは何か

こうした政策議論において重要なのは、政策当局が市場参加者（プレーヤー）を公平に取り扱う中立性（neutrality）の原則です［図3-2］。政策立案に際しては、特定の組織や団体を優遇して取り扱うことは政策における中立性を欠くことになるというのは論をまちません。

では、政策における中立性とは具体的には何でしょうか。

通信政策において語られてきた中立性原則は、技術中立性（technology neutrality）と競争中立性（competition neutrality）の2つです。前者の技術中立性とは、文字どおり、特定の技術をほかの技術より優遇しないというものです。どの国の政府であっても技術の優劣を将来にわたって合理的に判断することはできないからです。

［図3-2］様々な観点から捉えられる「中立性」

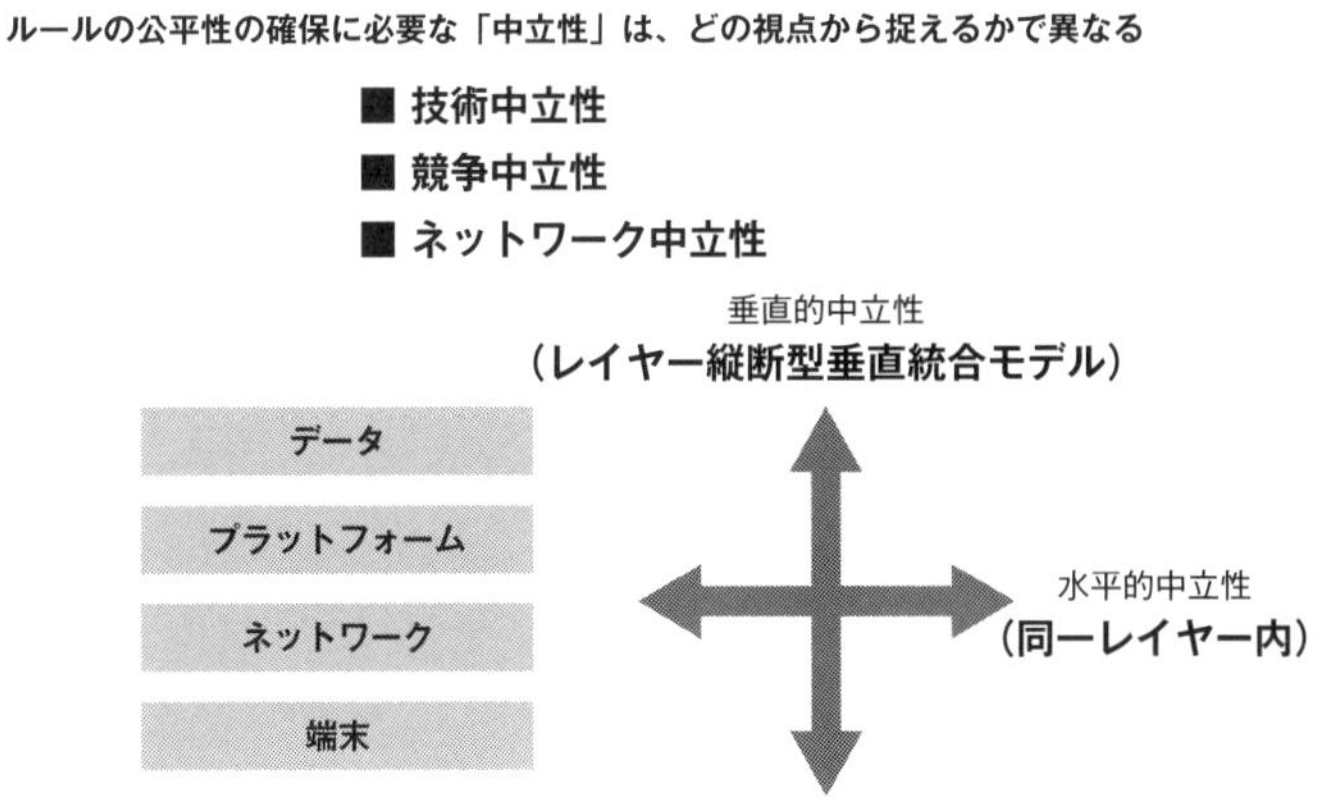

これに対し、後者の競争中立性は複数の事業者を同等に取り扱うことを指します。ただし、市場支配力を持つ特定の事業者に対してのみ追加的な規制を課すドミナント規制（非対称規制）は合理的な理由に基づくものであり、競争中立性を阻害するものではありません。むしろ、市場支配力を持つ事業者とそうでない事業者との間の公正競争を確保するための手段として、ドミナント規制は競争中立性を確保するために機能しています。

新たに登場した第三の中立性

この技術中立性と競争中立性に加え、情報通信政策を巡る議論にネットワーク中立性（network neutrality）という第三の中立性の考え方が登場してきました。これはインターネットの特性から出てきた議論です。

ネットワークの中立性を巡る議論は、「ネット利用の公平性」と「コスト負担の公平性」という2つの議論があります。

まず「ネット利用の公平性」について取り上げます。

インターネットでは複数の利用者のパケットが同一経路を同時に流れるため、一定の帯域のなかで多くのパケットが流れると混雑して流通速度が遅くなるベストエフォート型（技術規格上の最大通信速度を上限値として、回線の混雑度に応じて最大限努力した通信速度で提供する形）のサービスです。

このため、インターネットのヘビーユーザーとライトユーザーが存在している場合、大量の帯域を消費するヘビーユーザーを原因として帯域不足が起こり、ネット混雑が発生します。その結果、ライトユーザーも迷惑を被ることになるので、この状況を改善するためにはネット混雑の原因者であるヘビーユーザーの帯域を「絞る」（帯域制御[traffic shaping]と呼ばれる）のが合理的だと考えられます。

他方、電気通信事業法では「電気通信事業者は、電気通信役務の提供について、不当な差別的取り扱いをしてはならない」（同法第6条）と規定しています。そこで、すべてのネット利用者の帯域を一定比率で帯域制御して帯域を確保すれば、実際に制御された帯域の幅そのものはヘビーユーザーの方が多いけれども制御の比率は同じなので利用の公平性は保たれているという考え方がとられてきました。

しかし、制御の比率が同じとはいえ、ネット混雑の原因者ではないライトユーザーの帯域を制御するのは望ましくないという考えが出てきたため、相対的に多くの帯域を占有している利用者から順に帯域を一定水準以下に制御する「公平制御」という考え方が出てきました。このように、「ネット利用の公平性」を巡る議論はネット混雑への対処をどういう方針で行うかという議論です。

もう一つの議論が「コスト負担の公平性」です。

インターネットの仕組みは上位層（Tier1）のＩＳＰグループと利用者により近い下位層（Tier2）のＩＳＰグループに大別されます。コンテンツプロバイダーと直接契約している上位ＩＳＰがトラフィックの一部を下位ＩＳＰに流す場合、上位ＩＳＰはコンテンツプロバイダーからコンテンツ配信のために支払われた料金収入の一部を使ってルーター設備の増強を図ることができます。しかし、上位ＩＳＰとトランジット（接続）契約をしている下位ＩＳＰは、上位ＩＳＰに対価を払い接続してもらうことで海外などの広範囲の接続先が確保されるものの、コンテンツプロバイダーから上位ＩＳＰ経由で流れ込んでくる通信を処理してもまったく収入が得られません。

コスト負担に関しては近年も様々な議論があります。例えば、欧州のほか韓国など一部のアジアの国々でも、特に大量の動画配信を行うコンテンツプロバイダーはネット配信で大きな利益を得ているのだから、より多くのコスト負担をすべきだといった議論も行われています。

このように、ネット中立性の議論では、インターネット利用者間の水平的な中立性（ネット利用の公平性）が求められるとともに、上下関係にあるＩＳＰ、さらにはコンテンツプロバイダーを含む上流から下流までのプレーヤーの垂直的な中立性（コスト負担の公平性）が求められます。

データの集中によるプラットフォーマーの市場支配力の問題も垂直的な中立性を巡る議論ですが、こうした議論が近年は増えてきています。それは同一のレイヤー、例えばネットワーク層において通信事業者間で競争するといった過去の議論とは異なり、複数のレイヤーにまたがる垂直統合モデルを一社または複数社でいかに早く構築し、自走できる事業モデルにするかということが戦略上の最も大きなテーマの一つになっているからです。しかし、こうした議論が行われる今から20年ほど前、モバイル市場では同様の議論が行われていました。

iモードとiPhoneに見る垂直統合モデル

1999年2月に開始されたNTTドコモのiモードは、いわゆるガラケーの時代にインターネットへの接続を可能とするとともに、ゲームなどのコンテンツに課金することを可能にした画期的な事業モデルでした。先行するドコモを追って、同様の事業モデルをほかの競争事業者も導入しました。

iモードにおいては「公式サイト」と「勝手サイト」が存在しており、そのうち「公式サイト」については通信会社による認証（正当な契約者であることの確認）とコンテンツに対する課金（月額300円といったコンテンツ料金は毎月の携帯電話料金と一緒に徴収する料金徴収代行業務）が行われていました。これに対し、「勝手サイト」では料金徴収代行業務は行われませんでした。これが「公式サイト」と「勝手サイト」の違いです。

しかし、この料金徴収代行業務において通信会社は手数料としてコンテンツ事業者から約9%の手数料を徴収していました。しかも、「公式サイト」で提供されるコンテンツやアプリは通信会社あるいはその関連会社が審査し、サイトへの掲載の是非を決める仕組みでした。

この仕組みでは、「公式サイト」に限って料金徴収代行が行われること、掲載されるコンテンツの選定基準が不透明であること、クレジットカードなどに比べて手数料が高額であることなどが競争阻害的であるとして議論を呼びました。さらに、このガラケー時代には、通信各社が端末の仕様を示し、これをメーカーが生産して各社が一括買い取りを行う仕組みを採用しており、ガラケーには通信会社のロゴが刻印されているのが当たり前で、メーカー自らによる端末の開発・販売競争は行われていませんでした。

ｉモードの事業モデルはネットワーク層を起点として、その下の端末層、ネットワーク層の上のプラットフォーム層（「公式サイト」の運営に関わるコンテンツ選定や料金回収代行）、さらにはアプリやコンテンツそのものを含むデータ流通層まで、レイヤーを横断した垂直統合モデルを形成していました。そして、この事業モデルの市場支配力の源泉は、通信会社が利用する周波数資源に限りがあるために3〜4社しか市場に参入できない市場の寡占性にあったのです。これがガラケー時代のMobile1.0の垂直統合モデルです。

その後、２００７年６月にアップルがｉＰｈｏｎｅを販売すると状況は一変しました。コンテンツやアプリは彼らが運営するアップストア（App Store）で提供され、アップストアにコンテンツやアプリが採用・掲載されるかどうかの判断も行っています。端末層においてもスマートフォンのＯＳはｉＯＳやアンドロイドが大半を占めています。つまり、現在の事業モデルはアップストアというプラットフォーム層を市場支配力の源泉としつつ、ＯＳや機器（ｉＰｈｏｎｅ）といった端末層やデータ流通層をも含む新しい垂直統合モデルを形成したのです。

この新しい垂直統合モデルでは、ネットワーク層はどの通信会社のネットワークであっても利用できます。ここがガラケー時代の垂直統合モデルとの大きな違いであり、いわばネットワーク中抜きのＭｏｂｉｌｅ２・０の垂直統合モデルなのです。そして、この垂直統合モデルにおいても、アップストアへのコンテンツなどの選定基準が不透明であることや課金手数料がアップストアを開設した２００５年当初から30％と高額であること（アップルは２０２１年５月から中小開発者向けに手数料を15％に引き下げ。ちなみにガラケー時代は９％）などを巡り、競争政策の観点から様々な議論が行われています。

Ｍｏｂｉｌｅ１・０であれＭｏｂｉｌｅ２・０であれ、垂直統合型の事業モデルの

［図3-3］垂直統合モデルと競争中立性

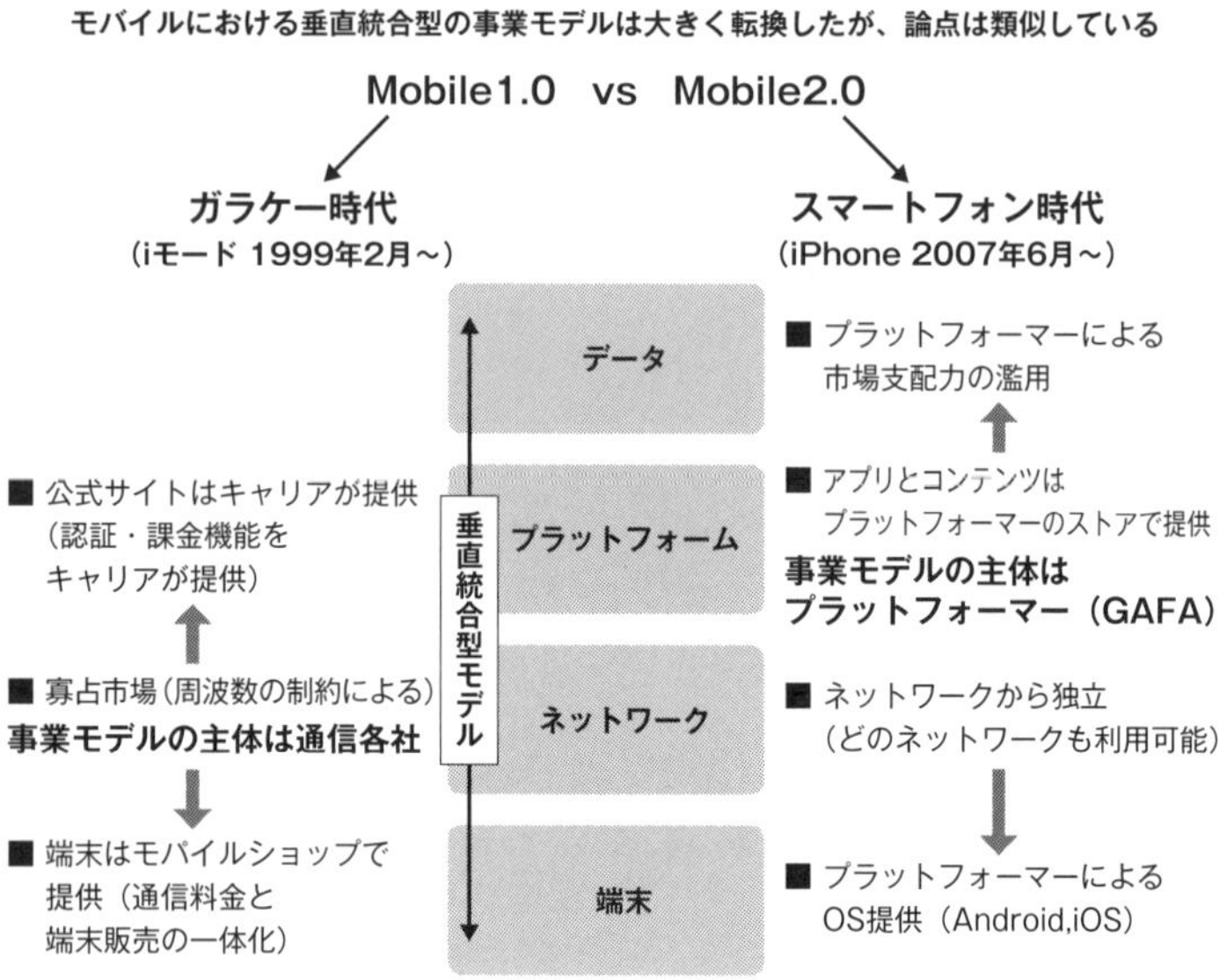

持っている競争政策上の課題というのは共通しているものがあります。それは特定のレイヤーで市場支配力を有するようになり、その市場支配力をほかのレイヤーにまで行使して垂直統合モデルを確立することで市場全体の競争を喪失させるのです［図3-3］。

Mobile1・0の垂直統合モデルの競争阻害的な問題については、総務省において検討会が開催され筆者も深く携わりました[*7]。しかし、当時はこうした問題について理解者がまだまだ少なく、他方、事業モデルはあくまで事業者の創意工夫によるもので政策介入は適当ではないという通信各社の反発も強く、実効性のある具体的なルールづくりには至りませんでした。またＭｏｂｉｌｅ１・０モデルが国内に閉じたモデルであったことから海外でも国際的な議論として、注目されませんでした。

しかし、Ｍｏｂｉｌｅ２・０の垂直統合モデルはグローバルに展開されているため、垂直統合モデルの持つ競争阻害的要素が多くの人々に理解されるようになってきました。そして、こうした課題について欧州においてはゲートキーパーとして機能する巨大プラットフォーマーに対する事前規制を課す法的な枠組みがデジタル市場法などで整備されており、同様の議論・対応が米国や日本でも行われるようになってきています。

背景にあるネットワーク構造の大転換

従来の通信サービスはネットワークレイヤーの通信事業者のみが関わるものであり、日本という領土のなかの物理的設備の設置・運用に関する法制度により、通信主権が確保されてきました。

しかし、ソフトウェア技術を活用したＳＤＮ（Software Defined Network）はネットワークの構造を大きく変えるものと見込まれます。

従来のネットワークを構成する機器は固有の機能が当初から設定されていました。しかし、近年のＳＤＮ技術の発達により構成機器がホワイトボックス（機能の定義がなされていない汎用型の機器）となり、機能の割り振りはソフトウェアで行う形態になってきています。しかも機能の割り振りを行うソフトウェアはクラウドベースで提供されています。

すなわち、ハード・ソフト一体型からハード・ソフト分離型へと機能分化が起きているのです。SDN技術は5Gのコアネットワークなどでもすでに実用化されています。例えば、米国の衛星放送大手のディッシュネットワークの子会社で携帯事業に新規参入したディッシュワイヤレスは伝送路の中核部分（コア網）をアマゾンのクラウドサービスであるAWS（Amazon Web Services）で構成しています[*8]。

今後はネットワークのリソースを仮想化して顧客のニーズに応じて機能定義を行うなど、NFV（Network Function Virtualization）技術の活用も拡大すると見込まれます。これにより、通信が混雑している地域にネットワーク資源を集中させて通信の疎通を維持したり、顧客の用途に応じて通信帯域の幅を切り分けて運用するスライシングなども本格的に提供されるようになると考えられます。このネットワークのスライシングは、先ほど取り上げたネットワークの中立性を巡る議論にも大きく影響します。

すでに触れたように、自動走行や遠隔医療などの場合、ほんのわずかな遅延であったとしても大きな支障が出ます。少しデータ伝送が遅れたために車が衝突して尊い命が失われることだってあり得ます。とすると、自動走行や遠隔医療に関するパケットは帯域を確保してほかのパケットは制御するという考え方もあり得ます。

しかし、スライシングを使えば優先的に疎通したいパケットは優先制御（求められる一定の速度や品質を確保すること）できると考えられます。いわば道路上に優先レーン（松）、通常レーン（竹）、登坂レーン（梅）をつくることが技術的に可能になっているのです。ただし、どの用途のパケットを優先制御の対象にするのかという点については価値判断を伴うものであり、広く国民的なコンセンサスを得ていく必要があるでしょう。

また、複雑なリソース管理はＡＩによるオーケストレーション機能をもって自動的に行われると想定され、ＡＩの提供も第三者が行うことが想定されます。そのため、ＡＩアルゴリズムの透明性の確保（アカウンタビリティ）も問題となります。利用の公平を担保する観点からも、ネットワーク運用に用いられるＡＩのアカウンタビリティをどう確保するのかということについて、議論を深めていくことが必要です。

さらにもう一つ、ネットワークが進化していくなかで考えていかなければならない重要な課題があります。それは法的枠組みを巡る問題です。

現在の法体系ではハード・ソフト一体型を前提としており、ＳＤＮ／ＮＦＶ技術の導入によりネットワークの基幹をなすコア網の機能がクラウドベースで提供されるとしても、通信事業者側にネットワーク設備全体の実質的な支配管理権が確保されているならば問題はありません。しかし、ネットワーク設備全体の実質的な支配管理権が海外のプレーヤーに握られているとすれば、通信の秘密が侵害されるなど国益に反するネットワーク運用が行われることで、結果として通信主権が損なわれることが懸念されます。

こうした事態において、国内法に基づいて最低保障契約約款でサービス提供が確保されていれば問題がないといった民事契約ベースの考え方は、超法規的な事態への対応も含めて求められる経済安全保障の世界では通用しません。このようにネットワーク技術の変化は経済安全保障の議論と表裏一体となってきています。

デジタル政策において、前述の事例のように、従来はネットワーク層のなかに閉じていると考えられていたものがプラットフォーム層やデータ流通層まで垂直方向に広がり、かつ国境を越えたサービス提供へと質が変わることで、「通信主権をどのように確保するか」という経済安全保障の問題として多角的な観点から捉える必要が生まれてきたのです。

無論、こうした問題意識はネットワークに限った問題ではありません。

センシティブなデータ、例えば日本国民のゲノムデータは個別化医療や創薬において圧倒的に重要な役割を果たすものであり他国によって保有されることは防ぐ必要があります。

このようにデータ安全保障というべき領域は確実に広がっており、デジタル政策における外交政策は競争政策や産業政策と横断して俯瞰的に戦略を練っていくことが求められるようになってきています。

ルール形成の多様化

競争政策や産業政策を考える上で、政策の必要性や期待される効果について、定性的・定量的に合理性がある説明が行われなければなりません。その前提としてデータの持つ経済的価値を客観的に計測する手法の開発が望まれます。データは無形資産であり、企業が多数のデータを保有していたとしても企業資産として計上されることはありません。この点は同じ無形資産である知的財産権とは異なります。また、データの活用によって経済にどのようなインパクトがもたらされるのか計測する手法も確立していない状態にあるのです。

こうした、デジタル技術のもたらす経済的インパクトを巡る議論に加え、そもそも市場メカニズムそのものの有効性についての議論も盛んになってきています。

具体的には、１９８０年代から主流となった新自由主義による市場メカニズムを特に重視した政策は最近修正が加えられるようになり、政府の適切な介入により公正な分配を実現すること――例えば修正資本主義（progressive capitalism）と呼ばれる主張[*9]――が重視されるようになってきています。

市場メカニズムの限界はデジタル関連市場において明らかです。データという無形資産の蓄積に関してネットワーク効果が働くとともに、限界費用がゼロであるために市場の需給シグナルとしての価格が有効性を発揮できず、結果としてプラットフォーマーによる寡占的な市場構造となっています。急速な技術革新でメタバースや生成ＡＩが注目されていますが、これらの新しい事業についても巨額の投資を行えるのは巨大プラットフォーマーが中心であり、その構図はどれほど分散型事業モデルが出てきたとしても、今のままでは変えられないことが懸念されます。

市場メカニズムを補完する観点からの政策介入は総論としては必要だと理解されるものの、実際にどのような政策ツールが展開可能であるのか、また政策当局はどこまで市場に介入することが許されるのかなど、いわゆる規制（ルール形成）のあり方については十分な有効打をどの国も見いだせていない状況にあります。

しかも、データの量・質・流通速度で他国を凌駕《りょうが》することによって、経済面のみならず、外交面や政治面でも主導権を獲得し得る状況では、自国の利益を優先するルール形成を志向する人たちも増加してきているといえます。

ルールベースと原則ベース

国による規制を検討する場合、規制をどのような粒度で定めるのかという議論もあります。

例えばデジタル市場のプラットフォーマーに対する規制のあり方として、ルールベースの規制（rule-based regulation）と原則ベースの規制（principle-based regulation）の２つのアプローチがあります[*10]。

ここでのルールベースというのは、プラットフォーマーが具体的にどのような状態にある場合に、どのような規制を適用するかを事前に定めておく手法です。この手法は規制としての透明性が高く、規制される側（ここではプラットフォーマー）から見ても「何をしてはいけないのか」ということが明確になります。

しかし、市場がダイナミックに変化している場合、こうしたルールベースの規制は不必要な規制を新たな市場やプレーヤーに課すこととなり、市場の発展をむしろ阻害してしまう可能性があります。その意味でルールベースの規制においては市場分析を定期的に行い、ルールそのものを柔軟に見直すことが適当だということになります。

とはいえ、こういうアプローチを頻繁にとると規制の統一性や予見可能性が損なわれ、規制される側からすれば恣意的なルール適用だということになりかねません。このため、原則ベースの規制を設定し、原則に基づいて法的拘束力のあるルールを段階的に整備する手法であってもルールベースの規制と同様、恣意的であるとの批判が向けられる可能性があります。

ルールの柔軟性をどこまで確保することが適当なのか。デジタル市場は特に変化が激しいものであるがゆえに、政策当局は市場ルールのあり方についても継続的に検討や見直しを行っていくことが求められます。

ソフトローとしての共同規制

さらに、デジタル化の進展により主体の垣根が曖昧となるなか、規制主体（従来は国）と非規制主体（従来は市場参加者）についてもその垣根が曖昧とならざるを得なくなり、法的規制（ハードロー）だけでなく共同規制（co-regulation）を含むソフトローの選択肢も従来以上に重要になってきています。

共同規制というアプローチは、政府が実現したい政策目的とこれを実現するための基本原則を明らかにし、これらを自主的に遵守する市場参加者が国との間で契約を結び、これに基づいて具体的なルールを策定・運用するものです。その後、市場参加者は運用結果を国に報告し、国はその報告を評価し、必要に応じて基本原則に修正を加えます。

これは別の見方をすれば、細かい公的規制を策定・運用するのは時間と手間がかかる一方、市場の状況が大きく変化する場合には規制そのものが直ちに陳腐化するという問題を回避するための方策の一つであるといえます（次項でより具体的に触れます）。

他方、ソフトローを採用したとしても、その内容、官民での役割分担のあり方、運用管理手法の強弱などによっては各国のルールの整合性が失われる可能性もあります。したがって、ソフトローであればよし、ということではなく、ソフトローの国際的な整合性ということについても議論を続けていかなければなりません。

いずれにせよ、国による規制、国と市場参加者が連携する共同規制、業界団体による業界ガイドラインなど、規制の対象となる市場の特性に応じて適切なルールを選択することが必要ですが、こうしたルール形成の過程においては、従来以上に広い関係者の意見を反映するマルチステークホルダーが参加する態様であることが望ましいといえます。

偽情報は共同規制で対策できるか

それでは共同規制の実例として偽情報対策について見てみます。

欧米においては、２０１６年の米大統領選や英国のＥＵ離脱に関する国民投票など、国として大きな意思決定が行われる場面で偽情報が拡散し、国を二分するような大論争が生まれてきました。第１章で述べたように、ロシアによるウクライナ侵攻においても偽情報が流布し、最近では日本国内においても偽情報の流通が急速な増加傾向にあります。

東京工業大学の笹原和俊[*11]は、偽情報を情報生態系の問題として捉える必要があると指摘します。すなわち「情報生態系は情報の生産者と消費者が様々な利害関係のなかでつながり合ったネットワークを形成し、人々の興味関心、共感や偏見、経済的あるいは政治的な思惑、メディアやジャーナリズム、デジタルテクノロジーなど、様々な要因が絡み合って進化」しているのです。

ネット上で情報が過多であったり、逆に情報が不十分な場合に勝手に補完したり過度に単純化し、また、情報の消費に十分な時間がかけられないために短絡的または合理的でない行動に結びつく可能性があります。また、自分の頭のなかで記憶できる容量に限りがあるため、記憶を自分で編集したり過度に一般化してしまうことがあります。こうした特徴により、情報を正しく認知できずバイアスが生じます。これが「認知バイアス」と呼ばれるものです。人は「見たいように見る」動物だといえます。

そして、「自分の周りの多くの人たちが良いと言っているものは良いはずだ」という同調圧力によるバンドワゴン効果も働きます。その際、自分の周りの人たちといっても自分の考えに近い人たちが集まっている場合が多く、これが「エコーチェンバー（反響室）効果」と呼ばれるものになります。しかも前述のとおり、怒り、恐れ、嫌悪といった負の感情はより大きな認知バイアスやバンドワゴン効果を生みやすく、負の連鎖とでもいうべき動きが広まっていく可能性が高いのです[*12]。

さらに、「フィルターバブル」がこうした状況に拍車をかけます。フィルターバブルはインターネット活動家のイーライ・パリサー[*13]が使って広まった言葉ですが、検索エンジンなどを使っていくうちに一人ひとりの「好み」を検索エンジンが学習しパーソナライズ化することで、その人にとって最も望ましい検索結果が表示されるようになります。そのため、情報過多のなかで認知バイアスやバンドワゴン効果が働きやすく、しかも負の感情に傾斜した情報の拡散が行われていくのです。

こうした偽情報の問題が社会的に深刻化してくるなか、欧州委員会は偽情報対策に本格的に着手しました[*14]。

２０１９年5月に予定されていた欧州議会選挙に向け、当時、欧州の人々はロシアが偽情報を大量に流布して選挙結果に介入するのではないかと懸念をしていました。

そこで２０１８年4月、欧州委員会は「偽情報対策のための行動規範」（Code of Practice on Disinformation）の遵守を関係者に広く呼びかけました。これを受け、グーグル、ツイッター（現X）、フェイスブック（現メタ）、モジラの4社と8つの事業者団体が欧州委員会の提案した行動規範に合意するとの発表が行われました。行動規範の内容は広告配信やスポンサー付き広告の透明性の確保、偽アカウントを特定・閉鎖することなどでした。

この行動規範の遵守状況については、２０１９年1〜5月までの間、各社から欧州委員会に対して毎月レポートの報告・公表が行われ、これを踏まえ、欧州委員会は行動規範の有効性の検証などを行いました。欧州議会選挙が終了した直後の同年6月、欧州委員会は報告書[*15]を公表し、そのなかで、約1千件に及ぶ偽情報が確認され「投票率の低下や投票行動の変化を狙ったロシア発の継続的な偽情報を確認した」と結論づけました。

　このように公的部門が策定した運用方針を企業が自主的に採択し、各社の運用方針の遵守状況を定期的に公的部門に報告し、公的部門は評価結果を踏まえて運用方針の改訂が必要かどうか検討するというPDCAのサイクルが回っています。まさに共同規制の代表例だといえるでしょう。

差別か区別か

さて前述のとおり、データ駆動社会に移行する過程で、データという無形資産が持つ特性が現行の制度では想定されていないことから市場メカニズムが十分に働かず、結果として寡占的市場構造の形成など市場構造に歪みが出る状況になっています。

例えば通信サービスの料金（価格）を考えてみましょう。

市場メカニズムが有効に機能していない寡占的な市場構造において、「料金は需給バランスの代理変数として市場で決定されるもの」とは言い切れなくなっています。むしろ、データ駆動社会であるがゆえに利用者の様々なデータを収集することできめ細かいプライシングを行い、サービス提供側の経営戦略に沿った行動変容を利用者側に生み出そうとする動きも起こり得ます。

そしてこの問題は、合理的な「区別」と社会的に許容されない「差別」の違いは何かという問題を提示することになります。この点について、英国Ｏｆｃｏｍ（放送通信省）のレポート[*16]を踏まえながら整理してみましょう。

市場メカニズムが有効に機能していれば、料金は需要と供給の一致するところで決定されます。しかし、市場が需要者の特性によっていくつかのセグメントに分けられる場合、コスト構造の違いや営業戦略を基に異なる料金設定をすることがあります。例えば、子ども料金は年齢層を基準とするセグメント設定です。

また、同じ市場であったとしても需給の違いに応じて市場をセグメント化し、料金設定を変える場合もあります。例えば、高速道路におけるロードプライシングの場合、混雑時には超過需要が発生しているために高い料金を設定し、それ以外の時間帯においては低い料金を設定します。これは単に需給を反映するというだけではなく、混雑時における車の高速道路利用を抑制し、混雑を抑えることで交通量の平準化を図るということも目的となっています。

それでは通信料金の場合はどうでしょうか。一般に通信料金についても適正と認められるコストに利潤を乗せて設定されますが、モバイル料金などで見られるように、属性によるセグメントとして学割などを設定することも一般的です。Ｏｆｃｏｍ文書が議論の俎上《そじょう》に上げているのは、その先にある料金のきめ細かい設定、いわゆる個別化料金（personalized pricing）です。「個別化」というのは個別化医療（personalized medicine）に類似した考え方です。個別化医療とは、同じ病気であったとしても個人の症状は多様であり、各人に最適な治療計画（例えば異なる薬の投与や治療法）をきめ細かく適用するカスタムメイド型の医療です。

通信における個別化料金というのは、一人ひとりに異なる通信料金を適用するということではなく、個人の特性（例えばネット利用の状況）に応じてセグメントしたグループごとに異なる料金を適用しようとするものです。

通信事業者が個人データを活用しようとする場合、既契約の利用者であればネット利用の状況や個人属性情報などを把握することができます。こうして得られたビッグデータを活用してＡＩによって解析することで、きめ細かいセグメントを自動設定し、最も適した料金を適用することが可能になります。こうしたきめ細かい「カスタムメイド」の料金設定が可能となれば、同じ通信サービスであっても料金の多様化が進むことが期待されます。

しかし、こうした個別化料金には検討すべき課題が多数存在します。

個別化料金は通信事業者にとって料金設定の柔軟度が増し、顧客引き留め効果を上げることが考えられます。例えば他社に移行する可能性がある利用者に特に低廉な料金を提示し、逆に他社に乗り換えない安定的な利用者に対しては料金を引き下げることはしない。これは経営の観点から見れば合理的ですが、利用者間の負担の公平性の観点からは差別的取り扱いをもたらすことが懸念されます。

属性ごとに料金を異なるものにするという区別（distinction）と、同じサービスであるにもかかわらず合理性に欠ける異なる取り扱いをするという差別（discrimination）の問題は分けて考える必要があり、経済的合理性だけでは判断しきれない価値判断の世界も重要な要素となります。

こうした議論は、先ほど見たネットワークの中立性を巡る議論でもありました。ネット中立性においても議論となった電気通信事業法の「利用の公平」の原則です。

いずれにせよ、今後はこうした区別か差別か、あるいはそもそも公共の福祉の増進とは何かといった議論が、ＡＩやビッグデータの活用の進展に伴って多数出てくるでしょう。そして、その判断はどのような社会をつくるべきか、つくりたいと考えているのか、という人々の価値判断に大きく依存することになります。

ネットワーク構造と通信主権

本章では、ネットワーク層とその上のデータ流通層のいずれにおいても、集中から分散に向けた動きが加速化しているという点について見てきました。

ネットワーク層ではSDN／NFV技術によってネットワークの運用がソフトウェアベースで仮想基盤の上で運用できるようになり、コア部分を含めたネットワーク機能がクラウドから提供されるケースも実際に登場してきています。ネットワークの運用主体が将来的には供給者側から利用者側にシフトし、利用者は自分が欲しいネットワークの機能（帯域、質、セキュリティなど）を組み合わせて利用することができる姿に変わっていくと考えられます（この点は第5章で再度触れることとします）。

また、データ流通層ではWeb2・0時代においてプラットフォーマーによるデータ独占が人々にデータの重要性を気づかせることとなり、これを分岐点として、行き過ぎた集中の是正が大きな検討課題となっています。同時にＷｅｂ３に代表される分散型事業モデルが登場し、こうした事業モデルを社会のなかにきちんと根づかせていくには倫理面からの検討も必要であるという点を指摘しました。

こうした様々な課題の解決策を今後考えていく上で重要なのは、サイバー空間には「国境がない」ということです。物理的なネットワークは国土に紐づいていますが、ハードとソフトが分離してネットワークの実質的な運用がソフト部分に大きく依存するようになり、しかもソフト部分の提供がクラウドベースで海外から行われることも実際に可能になってきているのです。

これはデータ流通層における事業モデルにおいてさらに顕著です。巨大プラットフォーマーの事業モデルが強大なものとなった大きな理由の一つは国境を越えてボーダーレスに事業展開しているために強力なスケーラビリティが働いているからです。

ルールはどこまで適用される？

このようにネットワーク層であれデータ流通層であれ、ボーダーレスな事業展開が行われている一方で、これまで各国の法律は何の疑いもなく国内に適用されるとしてきました。しかし、サイバー空間に国境がない以上、国境の外、つまり域外まで法の適用を広げるのかという議論になってきました。

具体的な動きとして、例えば欧州における個人情報保護の枠組みであるＧＤＰＲでは、欧州域内で活動する企業が適切に個人データを処理しなかった場合、たとえそれが域外の企業であったとしても最大２千万ユーロか全世界年間売上高の４％のどちらか高い方が課徴金として課されます。これは欧州の法律を欧州外の企業にも適用する域外適用の先駆けの事例となりました。

しかし、こうした域外適用をどんどん進めると、ある企業に対して様々な国の法律が域外適用されてスパゲッティーのように絡まり合った状態になりかねません。この場合、各国の規制のなかで一番強い規制水準に適合しなければならなくなります。

また、欧州においてデータ流通を促す枠組みをつくったとしても、域外適用によって他国の事業者に課徴金を課すことで、むしろＥＵ域内にデータ流通をとどめるデータ保護主義的な効果をもたらす可能性があるという見方もあります。こうしたなか、国際的なルールの整合性をとっていこうという動きが出てくるのです。

サイバー空間でのルールのあり方、とりわけサイバー空間への国家の関与のあり方は、インターネットガバナンスを巡る議論に代表されるように、民主主義を守るための国のあり方に関連するインターネットの自由と呼ばれる議論まで広がりを持っています。続く第4章では、こうした「デジタル民主主義」に関する議論を取り上げます。

註

＊１　Ｗｅｂ３はＷｅｂ３・０と記載されることも多い。これは過去のＷｅｂ１・０やＷｅｂ２・０との連続性が考慮されたものと思われるが、Ｗｅｂ３・０はTim Berners-Leeが提唱したsemantic web（第２章脚注８を参照）のことを指す場合があるため、両者の混同を避ける観点から、本書ではＷｅｂ３という用語で表記を統一している。

＊２　Tim O'Reily, "Why it's too early to get excited about Web3" (December 13, 2021) https://www.oreilly.com/radar/why-its-too-early-to-get-excited-about-web3/（２０２３年７月20日アクセス）

＊３　引用部分は原文の趣旨を損なわない範囲で筆者が要約している。

＊４　デジタル庁「Web3.0研究会報告書～WEB3.0の健全な発展に向けて」（２０２２年12月）https://www.digital.go.jp/assets/contents/node/basic_page/field_ref_resources/a31d04f1-d74a-45cf-8a4d-5f76e0f1b6eb/a53d5e03/20221227_meeting_web3_report_00.pdf（２０２３年７月20日アクセス）

＊５　Danielle Allen, Eli Frankel, Woojin Lim, Divya Siddarth, Joshua Simons, and E. Glen Weyl, "Ethics of Decentralized Social Technologies: Lessons from Web3, the Fediverse, and Beyond." Edmond & Lily Safra Center for Ethics, Harvard University,March 20, 2023. https://gettingplurality.org/wp-content/uploads/2023/03/Ethics-of-Decentralized-Social-Technologies.pdf（２０２３年７月20日アクセス）

＊６　１９９９年にはＮＴＴ（当時）を持ち株会社（現ＮＴＴ）のもとにＮＴＴコミュニケーションズとＮＴＴ東西に再編成する構造的措置により、公正競争確保のための措置が徹底された。

＊７　総務省　通信プラットフォーム研究会「通信プラットフォームの在り方」（２００９年１月）https://www.soumu.go.jp/menu_news/s-news/2009/pdf/090130_3_bt_1.pdf（２０２３年７月20日アクセス）

＊8　AWS Press Release, "Telco Meets AWS Cloud : Deploying DISH's 5G Network in AWS Cloud"(February 27, 2022)
https://aws.amazon.com/jp/blogs/industries/telco-meets-aws-cloud-deploying-dishs-5g-network-in-aws-cloud/（２０２３年７月20日アクセス）

＊9　修正資本主義を巡る議論についてはＪ・Ｅ・スティグリッツ（著）、山田 美明（翻訳）『スティグリッツ PROGRESSIVE CAPITALISM（プログレッシブキャピタリズム）：利益はみんなのために』（２０１９年、東洋経済新報社）などを参照。

＊10　Ofcom, "Rules-based versus principles-based regulation — is there a clear front-runner?" (August 2021)
https://www.ofcom.org.uk/news-centre/2021/rules-versus-principles-based-regulation（２０２３年７月20日アクセス）

＊11　笹原和俊『フェイクニュースを科学する：拡散するデマ、陰謀論、プロパガンダのしくみ』（２０１８年、化学同人）

＊12　米国の研究論文（下記参照）では、ソーシャルメディア上の偽情報は正しい情報に比べて６倍の速さで拡散し、しかもその到達範囲が広いとしている。具体的には、偽情報は平均10時間で１５００ユーザーに到達するのに対し、正しい情報は偽情報の６倍の60時間をかけても、偽情報に比べて35％少ない到達範囲にとどまると分析している。
（参考文献）S. Vosoughi et al., "The spread of true and false news online," Science, vol.359, issue 6380, 2018 (March 2018)
https://www.science.org/doi/10.1126/science.aap9559（２０２３年８月18日アクセス）

＊13　イーライ・パリサー（著）井口耕二（翻訳）『閉じこもるインターネット――グーグル・パーソナライズ・民主主義』（２０１２年、早川書房）

＊14　三菱総合研究所「諸外国におけるフェイクニュース及び偽情報への対応状況」（２０１９年10月）
https://www.soumu.go.jp/main_content/000651925.pdf（２０２３年７月20日アクセス）

＊15　European Commission, "A Europe that protects :

EU reports on progress in fighting disinformation" (June 2019)
https://commission.europa.eu/strategy-and-policy/priorities-2019-2024/stronger-europe-world/europe-protects-eu-reports-progress-fighting-disinformation_en（2023年7月20日アクセス）

*16 Ofcom, "Personalized Pricing for Communications : Making data work for consumers", (August 2020)
https://www.ofcom.org.uk/__data/assets/pdf_file/0033/199248/personalised-pricing-discussion.pdf（2023年7月20日アクセス）

［第4章］

デジタル民主主義を巡る対立

インターネット誕生とその基本精神

インターネットをはじめとするデジタル技術が社会経済システムの基幹的なインフラとなり、これを実装した展開が国力の優劣を決める時代になってきています。そして、一国の安全保障を考える上でも、国内のデジタルシステムの脆弱性対策を行うとともに外国からの攻撃に対して防御を行うことが安全保障の文脈で非常に重要になってきています。

さて議論を進める前に、デジタル技術の中核、インターネットの発展を簡単に振り返ってみます。

インターネットは米国政府の研究開発プロジェクトとして誕生し、米国科学財団（NSF：National Science Foundation）が運営する大学・研究機関の研究者ネットワーク

（ＮＳＦＮＥＴ）として発展してきました。インターネットの基本精神は「自律・分散・協調」といわれますが、国の規制や統制の埒外《らちがい》にあって異質なネットワークやアプリケーションを自由に相互接続・相互運用する柔軟性を確保することがインターネットの発展に大きな役割を果たしています。

その後、米国で１９９０年にインターネットの加入制限が撤廃されて商用利用が可能となる「民間開放」（日本においては１９９３年にＩＩＪが初の商用接続サービスを開始）が実現し、その後もブロードバンドサービスの普及などと相まって急速な発展を遂げました。これと同時並行的に米国主導のインターネットの管理運用体制のあり方について国際的な議論が出てくるようになりました。

もう少し具体的にいうと、従来、インターネットに必要なＩＰアドレスやドメイン名を含むインターネット資源の管理は、米国政府と民間組織との契約に基づいて行われていました。これは「インターネットが米国連邦政府予算の資金を投入して開発された」という経緯から見て自然だといえるでしょう。

しかし、インターネットが世界中で爆発的に普及するなか、インターネット資源の管理を米国主導のままにしておいて良いのかという論点が次第に表面化するようになりました。そこで、「インターネットの管理のあり方（インターネットガバナンス）を民間主導の管理運用組織に衣替えすることになりました。

1998年10月、IPアドレス、ドメイン名などのインターネット資源を世界規模で管理・調整するための非営利法人ICANN（Internet Corporation for Assigned Names and Numbers）が設立されました。しかし、この時点においてもICANNの業務は米商務省NTIA（電気通信情報庁）との覚書に基づいて行われていました。このインターネット資源管理のあり方についてはその後も議論が続き、2005年11月に開催された世界情報社会サミット（WSIS：World Summit on the Information Society）において、インターネットガバナンスについて議論を行う新しい組織としてIGF（Internet Governance Forum）の設置が決定されました。

IGFは2006年10月に第1回会合を開催し、以来、年1回のペースでインターネットガバナンスに関する議論を継続しました。その結果、2016年9月をもって、米国政府はICANNの監督権限を最終的に放棄することとし、ICANNの組織として各国政府が助言するGAC（Government Advisory Committee）が設置されました。

こうした経緯からわかるように、インターネットガバナンスの議論はインターネットに対する国家の距離感（government reach）、つまりサイバー空間に対する国の関与度を巡る議論ですが、デジタル技術が安全保障の中核を左右するものとなるなか、議論は国際法についてへと範囲を広げてきています。

その代表例がサイバー空間に国際法が適用されるのかというものです。国際法というのは国家間の取り決めですから、政府中心のルールです。したがって、国際法をサイバー空間にどのように適用するのかという議論は、インターネットに対する国家の関与度を巡る議論なのです。

自由主義国家 vs. 権威主義国家

インターネットは「自律・分散・協調」を基本精神とし、無数のルーターが互いを意識することなく連携しつつ、データを相手先に届ける仕組みです。誰もが必要とするデータを時間的・距離的な制約を超えて共有することができる仕組み、それがインターネットです。

しかし、第1章で見たように、インターネットの自由が確保されている国は約半分にとどまっています。つまり、国家によるネット統制が強い国と弱い国との差がますます大きくなっており、ネット統制が強い国では国家統治の有力なツールとしてデジタル技術を活用するという流れが強まってきているのです。

インターネットの自由の度合いは国によって大きく異なります。国がサイバー空間での発言を監視し、取り締まりを行う国は権威主義国家（authoritarian state）と呼ばれます。サイバー空間における情報を集中させ、国が管理・監視を行うことで国内の統制を図ろうという考え方です。

これに対し、旧西側諸国は自由主義国家ですが、少数の特定プラットフォーマー（ビッグテック）に情報が集中しているという点では監視資本主義国家という呼び方もあります。政治体制こそ異なるものの、少数のプレーヤーが情報を収集・蓄積し、国民を監視しているという点では権威主義国家と変わりないのではないかということです。

さて、権威主義国家（中国やロシアなど）と自由主義国家（日米欧に代表される旧西側諸国）という体制の違いは、ネットに対する国家の関与度が大きく異なる点にあります。この点をもう少し深く掘り下げてみることにしましょう。

リアル空間とサイバー空間の一体化

リアルな現実空間の場合、まず国境というものが厳然と存在します。そして国家主権のもとで国家間の行動ルールとして、国際連合憲章をはじめとする国際的なルールが存在しています。

これに対し、サイバー空間の場合はそもそも国境という概念が存在しません。一方で、近年急速に増加しているサイバー攻撃は、攻撃に至る経路を消したり他国で乗っ取ったサーバー経由で攻撃してきたりするなど、攻撃主体を特定することが非常に難しい。にもかかわらず、国家そのものが関与していることを疑わせる攻撃が急増しています。

また、リアル空間における武力の行使は国境を越えて飛来するミサイル弾や領空を侵犯する戦闘機のように視覚的にわかりやすく、また各国が装備している武力の数なども比較的把握しやすい面があります。これに対し、サイバー攻撃の場合、どの国がどの程度の攻撃力や防御力を持っているのかがわかりにくいほか、各国のサイバー空間が他国に開かれているかどうかについても大きな違いがあります。

こうしたなか、リアル空間とサイバー空間が一体化してきています。リアル空間においては明確に国際的なルールが確立しているのに、サイバー空間においてはこうしたルールが存在しない。こうした整合的ではない状況を打開する必要があるという認識に立ち、国連の場を中心に様々な議論が行われてきたのです。

議論の対立軸

国連において安全保障問題を議論する第一委員会。そのもとに政府専門家会合（GGE：Group of Government Experts）が設置され、2004年から数次にわたって議論が行われてきました。日本は2012年の第3会議（2012から2013年）から参加してきましたが、議論の過程で明らかになったのは、やはり自由主義国家である日米欧の旧西側諸国（以下「グループA」とする）と中国・ロシアの覇権主義国家（同じく「グループB」とする）の対立でした。

旧西側諸国のグループAは、サイバー空間というものは民間投資によって構築されてきたのであり、サイバー空間における民間の活動は可能な限り自由に行われる必要があることを踏まえれば、政府による規制（関与）は最小限にとどめるべきだ、という考えをしています。その上で、リアル空間にはすでに国際ルールがあるし、リアル空間とサイバー空間の一体化が進んでいくのであれば、既存の国際ルールをサイバー空間にも適用すればよいのではないかという主張です。

これに対し中露のグループBは、現在のサイバー空間は米国主導のルールに基づいているために許容できない、サイバー空間も物理的な領土と同じように、国家主権の名のもとに国が管理すべきであるという「サイバー主権（cyber sovereignty）」という考え方を主張しています。グループBの国内におけるネット検閲などの事案に対し、グループAの国から「人権を蹂躙《じゅうりん》するものだ」といった批判が出ることについて、グループBは「内政干渉はすべきでない」と強く反発する事例がよく見られることもそれぞれの考え方を表す一つの例だといえます。

そして、グループBとしては、国際ルールの原則として、国家主権、平和的紛争解決（国同士の紛争事案が発生した場合にこれを解決に導くための手順が国連において整備されている）、内政不干渉といった項目については受け入れるけれども、自衛権行使のあり方や国際人道法の適用は妥当性を欠くとしています（国際人道法については後で再度触れます）。

では途上国はどうでしょうか。

結論から先にいえば、中露が率いるグループBと連携しています。途上国は国家がサイバー空間に深く関与することで国家の安定を図るという点でグループBと共通の問題意識を持っていますが、少し別の視点から見てみると、サイバーセキュリティ関連技術において先進国との隔たりが大きいという認識があります。

つまり、途上国においては先進国のようにサイバーセキュリティ技術が成熟していないので自国のサイバー空間の実態把握が難しい。にもかかわらず、正当な理由なく自国がサイバー攻撃を行っていると他国から非難され、最終的に他国による自衛権行使の対象になりサイバー攻撃を受けるという懸念が拭えないことから、平和的紛争解決などに絞った議論を行うべきだと主張します。平和的紛争解決について国際ルールの適用を是とするグループBとは、この点で立場を共有しているのです。

時計の針が止まったままの議論

先ほども触れたように、２００４年から２０２１年までの間、国連において事務総長が任命した専門家で構成される政府専門家会合が6次にわたり議論を進めてきました。ではその議論でどこまでの成果が得られたのかといえば、２０１５年7月に策定された文書[*1]（同年9月に国連総会に報告）からの進展はありません。いわばその先の議論は合意できるポイントがなく、議論は時計の針が止まったような状態（時にはこれからさらに後退するような事態）が続いているということなのです。

具体的に見てみましょう。２０１５年7月の合意文書では、サイバー空間において「国際法の現行の義務は適用可能（applicable）である」と一般論を述べながらも、「国

（States）は、国際法に定めるほかの規律と同様に、国家主権、平和的紛争解決、内政不干渉を守らなければならない」としています。この3つの要素はまさに中露も受け入れている国際ルールであり、これを超える国際的な合意には到達できていない状況にあります。合意できていない部分には国際人道法の適用可否の問題も含まれます。

　では、国際人道法とサイバー空間はどのような関係にあるのでしょうか。実は国際人道法のなかには、「軍事目標主義」と「害敵手段の制限」という項目があります。前者の「軍事目標主義」とは、武力の行使は相手の軍事力を破壊する目的のみに行使することができるというものです。また後者の「害敵手段の制限」とは武力行使の際に使ってもよい武力を制限しています。

　こうした項目がサイバー空間にどう適用されるかの国際的なコンセンサスがないということは、（自衛権として）行使されるサイバー自衛権の範囲や手段の妥当性についての国際的なメルクマール（指標）がない状態にあるということを意味しているのです。そして、２０１５年7月の合意以降もさらに議論を深めようという努力は行われていますが、目立った成果は得られていないという状況が続いて今日に至っています。

マルチステークホルダー主義vs.マルチラテラル主義

２０１５年７月の合意文書でもう一つ重要なのは、文書のなかに登場する「国家主権（state sovereignty）」という言葉の意味です。

前述のインターネット管理組織であるＩＣＡＮＮやインターネット関連の標準化を行っているＩＥＴＦ（Internet Engineering Task Force）は、政府のみならず、大学・企業の研究者、市民団体などインターネットに関連する様々な利害関係者が参加できるマルチステークホルダー主義（multi-stakeholderism）に基づく意思決定を原則としています。マルチステークホルダー主義において、政府は意思決定に関わる当事者の一人にすぎず、政府が全体方針を決定することはありません。

インターネットはあくまでマルチステークホルダー主義を前提としつつ、これまで民主的なプロセスのなかで発展を遂げてきました。その背景には、政府を全面に打ち出した国家主権（国家の関与度と言い換えてもよい）を１００％認めることによって、表現の自由や報道の自由という基本的な権利について公的権力が介入する根拠を与える恐れがあることに加え、インターネット関連技術は政府の規制の外にあったからこそ社会経済基盤になるまでの発展を遂げることができたという評価が確立していることが挙げられます。

これに対し、中露は「国家主権」（先述のとおり「サイバー主権」と呼ぶこともある）に基づき国がインターネットをきちんと管理すること——管理という言葉は、ネットを流通するコンテンツに対する直接規制も含む意味で使われることが多い——が国の権益として国際的に認められるべきであると主張しています。

重要なのは２０１５年７月の合意文書に盛り込まれている「内政不干渉」や「平和的紛争解決」という原則は、国と国の関係に適用されるものだということです。

例えば、米国の民間組織が中国の政策を批判したとしても、中国政府が直接的に「内政不干渉」としてこの組織を非難することはないでしょうし、まして中国政府と米民間組織との間で「平和的紛争解決手段」がとられることもありません。あくまでこれらの原則は国際法、つまり国と国の関係に適用されるルールだということです。このように中国のサイバー主権は日米欧のマルチステークホルダー主義ではなく、多国間主義を意味するマルチラテラル主義（multilateralism）を基本とするという考え方に立っています。

この考え方に立脚すれば、ＩＣＡＮＮやＩＥＴＦのガバナンスがマルチステークホルダー主義を原則とすることは、「米国主導の原則」であるかどうかはさておき、国が主体的に国際ルールを決定するというサイバー主権の原則に反するということになるのです。

事実、中国はこうした事態を回避するために国連機関であるＩＴＵ（国際電気通信連合）をインターネットに関する運用管理組織として位置づけることを提案しています。[*2]

ＩＴＵは各国で使われる周波数割り当てに関する国際調整、通信網や端末機器の技術標準化、途上国における通信網の整備支援などの分野で活動していますが、各国が国家の規模にかかわらず一票を投じることができる一国一票制が保障されており、民間組織がＩＴＵの決定に関与することは想定されていません。民間企業は検討すべき事項の提案や規則案に対する意見招請に応じることは可能ですが、最終的な技術標準などの決定権限は民間組織にはないのです。

つまり、インターネットガバナンスに関する議論をＩＴＵに集約するという中国の提案は、マルチラテラル主義を採用しマルチステークホルダー主義を排除することでインターネットの管理（規制）を国、つまり政府のみの役割として規定し、サイバー空間を巡る国際的な取り決めにおいても途上国を含む一国一票制のもとで運営すれば米国主導のインターネットから脱却したサイバー主権の確立が実現する、ということを狙いとしているのです。[*3]

ＮｅｗＩＰの狙い

インターネットはＴＣＰ／ＩＰという通信手順（プロトコル）に基づいてパケットがルーターからルーターへとバケツリレー方式で送られ、最終的には目的地の通信相手に届けられます。このＴＣＰ／ＩＰは先ほど触れたＩＥＴＦにおいて標準化されています。

しかし、２０１９年９月、このＴＣＰ／ＩＰに代わる新しいプロトコルが中国華為（ファーウェイ）によってＩＴＵなどの場に提案されました。

彼らは今後ＩｏＴの普及・進展などに伴って幾何級数的にネットに接続されるモノが増加し、現行のパーミッションレスなインターネットでは十分な管理ができなくなることが懸念されるとして、国によるインターネットの中央集権的な統制権を認めるトップダウン型の〝ＮｅｗＩＰ〟を提案しました。[*4]

この提案について、サウジアラビア、イラン、ロシアなどの各国は賛成しましたが、旧西側諸国は反対の声を上げました。議論が2つの陣営に分かれるなか、２０２０年3月、ＩＥＴＦは中国提案の〝Ｎｅｗ ＩＰ〟を全面的に否定する内容のコメントを発表しました。[*5]

この見解のなかでは「インターネットの成功は、無数の異質なネットワークを無数の異質なアプリケーションでつなぐ仕組みを提供」することによるものだとしており、ＴＣＰ／ＩＰの柔軟な仕組みがインターネットの発展をもたらしたと評価しています。そして、ＴＣＰ／ＩＰの今後についても、「過去50年以上の間そうであったように、新しいネットワークやアプリケーションのニーズに適合し続けると考えている」として、将来もその仕組みは有効に機能すると見ています。

その上で、ＴＣＰ／ＩＰから中国提案の〝Ｎｅｗ ＩＰ〟に置き換えることについては、「トップダウンデザインにすることでネットワークの島々をつくり出し、相互接続に損害を与え、相互運用性を混乱させることになる」と指摘しています。

つまり、ＩＥＴＦは水平分散的な現在のＴＣＰ／ＩＰは多様なネットワークを相互接続し、相互運用性を確保していますが、ここに異質なプロトコルが入ってくると全世界的な相互運用性が失われ、いわば2つのインターネットが生まれて両者の間に断絶が生まれる可能性があり、この点がＩＥＴＦとして中国提案を否定する根拠となっているのです。

このように、インターネットのプロトコルにトップダウンの中央統制権という形でサイバー主権を取り込もうというのが中国提案の〝ＮｅｗＩＰ〟の狙いであり、その試みはインターネットの本質的な良さを喪失させるものであるとしてコミュニティ内の賛同が得られていない状況が続いています。

各層で先鋭化する両陣営の対立

以上見てきたように、一言で「インターネットの自由」といっても様々なレイヤー（階層）が存在しており、それぞれのレイヤーで国家による主権を高めようというサイバー主権の試みが中国やほかの賛同国のイニシアティブで動いています。このレイヤーは主に3層構造になっています［図4-1］。

まず、一番基礎となるレイヤーである「パケット流通層」には情報を伝送するための通信手順であるＴＣＰ／ＩＰというルールがあります。ＴＣＰ／ＩＰは多種多様なネットワークを相互に接続し、一体として運用ができる相互運用性を確保することで、世界の情報通信インフラの基礎部分を形成しているのです。先ほどの中国提案の〝ＮｅｗＩＰ〟はまさにこの「パケット流通層」を巡る議論です。

［図4-1］インターネットの自由を巡る多層的な議論

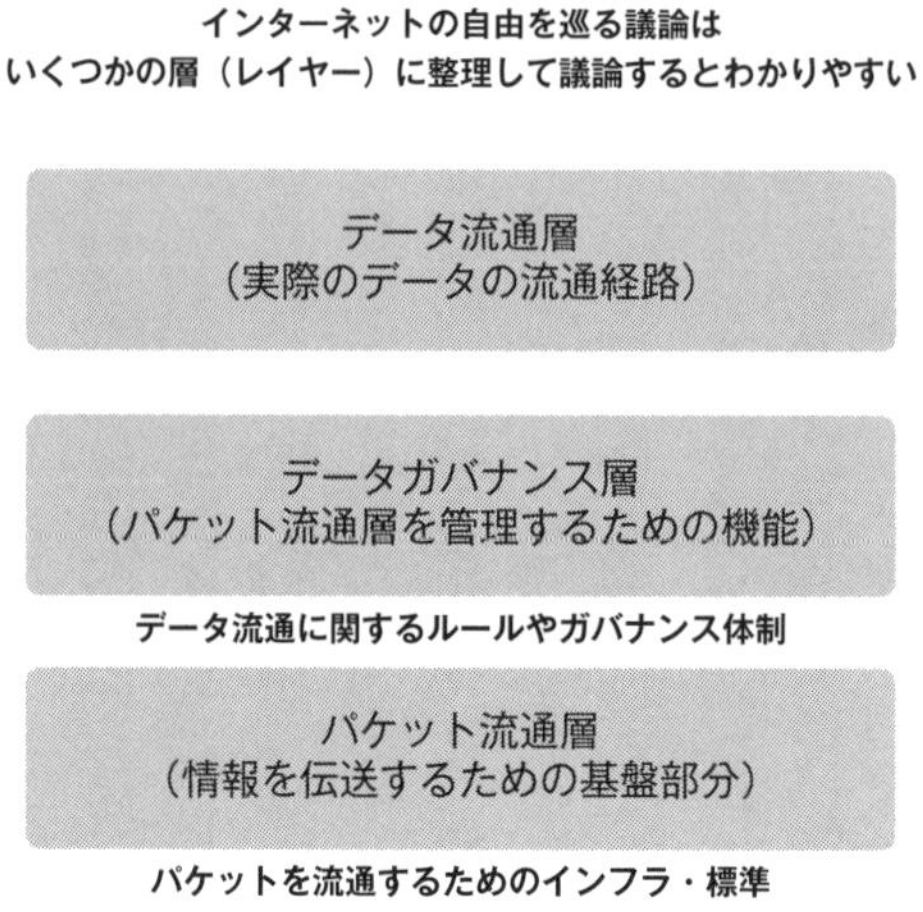

この「パケット流通層」の上にはパケット流通を管理するための「データガバナンス層」があります。いわゆるインターネットガバナンスという議論はこのレイヤーに力点を置くもので、すでに見たように最近では国際法の適用関係を巡る議論が2つの陣営に分かれ、こう着状態に陥っています。そしてこうした状況下でロシアによるウクライナ侵攻という事案が発生しました。サイバー攻撃を含むハイブリッド戦争やグレーゾーン事態が実際に起こることを私たちは目の当たりにし、同時に国際ルールを巡る議論の重要性に改めて気づかされた状況にあるのです。

そして「データガバナンス層」の上には「データ流通層」が位置づけられます。つまり実際のデータ流通を促したり、逆にデータの内容に応じてその流通を抑止・停止するために国家が介入するための仕組みづくりなどがここに含まれます。第1章で見た「Freedom on the Net（ネット上の自由）」報告書のように、ネット上における検閲などが行われている国は数多く存在します。

データの国外移行を禁止する国が倍増

また、データローカライゼーション（data localization）という試みもこの「データ流通層」領域に含まれます。データローカライゼーションというのは、国内に蓄積されたデータを国外に移転・蓄積することを禁止するといったものが代表例ですが、それ以外にも、国外にデータを移転・蓄積する場合には同じデータセットを国内にも蓄積する（〝ミラーリング〟と呼ばれる）ことを要件として進める、機密性を有するデータに限って国外への移転・蓄積を禁止するなど、いくつかの類型が考えられます。実際にデータローカライゼーション規制を導入している国の数は35カ国（2017年）から62カ国（2021年）と5年で倍増しています。[*6]

データローカライゼーションを導入する目的としては、国内に蓄積することでデータの窃取や改ざんといったリスクを回避することができるというセキュリティ確保の観点から説明が行われることが多いのです。

しかし、サイバー空間に国境がないことを考えれば、データの蓄積等を行うクラウドサービス事業者が信頼に足りるかどうか、クラウドサービス事業者への国際法の適用が十分に担保されるかどうかといった点の方が実質的な意味において重要だといえます。

このため、データローカライゼーションがさらに進むことを抑制し、データ流通を促進するためには、データ流通の透明性や分野を超えたデータの相互運用性の確保、データの取り扱いに関わるプライバシーやセキュリティを確保するため、データ流通の信頼性を確保するための仕組み（第2章で見たトラストサービス）などが必要となります。これらを実現するため、各国の制度の共通化ではなく、差分の存在する各国の制度間のインターフェースの共通化を図り、新たな「国際デジタル協定」といった枠組みづくりを進めることが考えられます。

以上のように、日米欧の旧西側諸国はマルチステークホルダー主義で民間主導原則、現行ガバナンス体制の堅持を主張しているのに対し、中露はマルチラテラル主義で国

［図4-2］対立軸は“分散”か“集中”

旧西側諸国と中露の対立軸が深まってきている

旧西側諸国	中国・ロシア
マルチステークホルダー主義	**マルチラテラル主義**
ICANN/IETF （コンセンサスアプローチ）	**ITU** （国に投票権）
民間主導原則 （自律・分散・協調が基本）	**サイバー主権** （国による統治ルールの確立）
自由（資本）主義 （監視資本主義である面も）	**権威主義** （国による情報統治）
TCP/IP （IETF）	**New IP** （ITU）

家主導のサイバー主権、ITU中心のガバナンス体制への変更を主張しており、両陣営の意見の隔たりはとても大きい状況にあります［図4-2］。

　そして、その対立は「インターネットの自由」をどのように確保するかという命題について、「パケット流通層」「データガバナンス層」、そして「データ流通層」という3つのレイヤーに分けつつ、それぞれのレイヤーにおける論点まで落とし込んで議論し、あるべき政策の方向性について考えていくことが求められます。

到来するデジタル冷戦の時代

コロナ禍のなか、北京で開催された冬季五輪。２０２２年２月の開会式に合わせて訪中したプーチン大統領は習近平国家主席と会談しました。

会談の結果、両首脳は多方面にわたる項目をカバーする共同声明[*7]を発表し、その一つの項目として、インターネットガバナンスについて取り上げました。そのなかで、「両国（筆者注：中国とロシア）はインターネットガバナンスの国際化を支持し、各国がガバナンスについて同等の権利を有していることを確認し、インターネットの国内セグメントを規制することで国内の安全を確保する主権的権利を制限しようとするいかなる試みも容認できない」とする基本姿勢を明確にしました。

この声明文では、従来の国連ＧＧＥにおける主張と同様に、「インターネットの国内セグメント」、つまり中国であれば中国の領域内におけるサイバー空間の統制権は同国政府にある、という立場を明確にしています。

そして、サイバー主権が各国に認められるということを前提としつつ、「これらの問題に取り組む上で国際電気通信連合（ＩＴＵ）がより大きく参加することに関心がある」としています。まさに、マルチラテラル主義を踏まえつつ、国のみに議決権があるＩＴＵこそがサイバー空間におけるルールづくりを担当すべきであると主張しているのです。

この中露共同声明から2カ月経った同年4月、今度は米国、日本、欧州連合、豪州、カナダほか約60の国・地域が参加する「未来のインターネットに関する宣言」[*8]が公表されました。これは2月の中露共同声明に対する旧西側諸国の反論文書の性格を帯びています。

具体的にはまず、「開かれたインターネットへのアクセスが、一部の権威主義的な政府によって制限されており、オンラインプラットフォームやデジタルツールが表現の自由を抑圧し、その他の人権や基本的自由を否定するためにますます使用されるようになっている」と述べ、「一部の権威主義的な政府」として中国・ロシア両国のサイバー空間における権限の拡大を明確に批判しています。

その上で、「インターネットの未来に関する5原則」として、①人権及び基本的自由の保護、②グローバルな（分断のない）インターネット、③包摂的かつ利用可能（政府の規制がなく自由）なインターネットアクセス、④デジタルエコシステムに対する信頼という項目と並び、5番目の項目として「マルチステークホルダーによるインターネットガバナンス」と記述し、中露のマルチラテラル主義とは立場を異にするマルチステークホルダー主義を標榜することを明らかにしています。

こうしたなか、2022年7月、「はじめに」でも紹介した米国シンクタンク「外交問題評議会」の報告書が公表されました。[*9] 外交問題評議会は超党派のシンクタンクで影響力のある論説『フォーリン・アフェアーズ』を発行する組織としても有名ですが、この報告書ではまさにインターネットが「断片化している」という強い問題意識に立った現状認識が展開されています。注目されたのは、報告書の冒頭で「グローバルなインターネットの時代は終わった」と明確に述べつつ、「オープンでグローバルなインターネットの実現を促そうとした米国の政策は失敗に終わった」と結論づけていたことです。そして、こうした分断されたインターネットという時代認識のなかでこれからの外交政策の方向性についても触れています。

その一つが、有志国（like-minded countries）との連携強化です。具体的には、まずは民主的国家である旧西側諸国内で合意できる国際ルールについて二国間または多国間の「国際デジタル協定」を締結するよう進めるべきではないかということです。つまり、旧西側諸国と中露という両陣営の意見の隔たりが大きいなか、まずは価値観を共有する国々（有志国）の間でデータの越境流通を促進するためのルールに合意しようというものです。

具体的には、自由な越境データ流通、データの国外への持ち出しを制限するデータローカライゼーションの禁止、ソースコードやアルゴリズムの開示請求の禁止などが含まれます。ソフトウェアのソースコードやアルゴリズムを政府に開示するということでサイバー攻撃のための糸口となる脆弱性を政府に知られることが懸念されます。また、国家の基本となる選挙制度や（問題が発生すれば）人類共通の懸念材料となり得る核関連施設への破壊的なサイバー攻撃は行わないというノーム（一種の「自己宣言」や「規範」に該当するもの）を協定のなかに盛り込むことも提案しています。

こうした考え方は、この章で触れた国連における国際ルールに関する合意形成の手法が、平和的紛争解決など一つひとつの部品を合意という形で積み上げていくポジティブリスト方式であるのに対し、両陣営の対立の構図は現実的に受け入れざるを得ないという認識のもと、まずは有志国の間でやってはいけないことについて合意を積み重ねるネガティブリスト方式の採用を志向しているという見方ができるでしょう。

こうした状況について、ユーラシア・グループのイアン・ブレマー代表は「米中以外の国々には、デジタルのベルリンの壁がいずれ築かれていくのが見えていて、どちらかの側につかなければならないのだろうかと注視している状況」だと分析しつつ、「妥協点を探る意思が必要」であり、「新たな冷戦が起きれば、破壊ばかりで無益なのだと認識しなければならない」としています[*10]。

つまり、デジタル冷戦という状況が差し迫っているなかにあっても、外交問題評議会が主張するように有志国におけるデータ流通促進のための合意の輪を広げつつ、意見の隔たりの大きい中露との間においても緊張緩和のための平和的・人道的な対話を続けていくことによって、意図しないエスカレーション、つまり事態の悪化を防ぐ努力を続けないといけないのです。

マルチステークホルダー主義は有効か

ここまで、旧西側諸国と中露の対立の構図を中心に、デジタル冷戦とでも呼ぶべき状況に立ち至っていることについて考えてきました。そこで、旧西側諸国が支持するマルチステークホルダー主義なるものは、この対立の時代に有効に機能する可能性があるのか、という点についても改めてここで考えてみます。

インターネットはもともと研究者の内輪のネットワークとして「自律・分散・協調」を基本精神として構築・運用されてきた、しかもそのインフラは民間がつくったものだという点に繰り返し触れてきました。

そのなかでインターネットのあり方に関するインターネットガバナンス論[*11]にマルチステークホルダー主義を採用すべきというコンセンサスが得られたのは、２０００年7月の九州・沖縄サミットでした。

具体的には、九州・沖縄サミットで採択された「グローバルな情報社会に関する沖縄憲章」において、「国際格差を解消するための努力にとっては、我々の社会でもそうであるように、すべての利害関係者の間の効果的な協力が非常に重要である」と記載されたことが起点となっています。そして、すでに述べたように、いくつかのプロセスを経て、２００６年10月からＩＧＦが毎年開催されています。

そもそもマルチステークホルダーとはどのように定義されるのでしょうか。内閣府の資料[*12]によれば、「3主体以上のステークホルダーが平等に参加し、自らの意見を平等に表明でき、また、相互に平等に説明責任を負う『平等代表性』が確保されている意思決定、合意形成もしくはそれに準ずる意思疎通のプロセス」と定義されています。

つまり、各ステークホルダーがまったく同じ立場で参加しコンセンサスの形成を図ろうとする手続きだとはいえ、この点は「自律・分散・協調」というインターネットの基本精神に合致している考え方だともいえます。

しかし、定義にある「平等代表性」の部分は安全保障の議論の比重が大きくなるにつれて国の占める役割が大きくなってきているともいえるのです。ただ、インターネットは安全保障を巡る議論だけではなく、インターネット上における表現の自由・報道の自由、誰もがインターネットを利用できるユニバーサル性の確保、技術革新に伴って新たに発生する社会的課題への対処など、様々な議論が行われています。したがって、ルール整備のあり方について幅広いアジェンダを設定し、議論を継続していくことが重要です。

次に、マルチステークホルダー方式のメリットとして、内閣府は3つの項目に整理しています。すなわち、「参加主体間に、対話が不可能であるまでの対立が発生していないこと」、次に「取り扱われるテーマがある程度具体性を帯びているものであること」、さらに「最終目的が参加主体間で共有され、かつ、対話を経ることにより目的が達成される合理的な可能性（reasonable probability）があること」の3点です。

インターネットガバナンスを巡る議論については、従来に比べて対立が深刻化していますが、テーマの具体性、対話を経ることにより目的が達成される合理的な可能性があることも事実です。マルチステークホルダー方式による議論の進め方については改善の余地が多分にあるものの、インターネットの本質的な良い面を維持していくためには民主的プロセスであるマルチステークホルダー主義を堅持することが重要です。

そこで、英国の名宰相であるウィンストン・チャーチルが民主主義について語った名言を改めて噛み締めてみる必要があるでしょう。

〝これまで多くの政治形態が試されてきたし、この罪と悲惨さに満ちた世界のなかでさらに試されていくだろう。民主主義が完璧だとか、賢明だというふりをすることはできない。これまでいわれてきたように、実に民主主義は最悪の政治形態だろう。ただし、これまで試されてきた民主主義以外のすべての政治形態を除いては[*13]。〟（筆者訳）

デジタル冷戦に備える日本の安全保障

デジタル冷戦ともいうべき状況が差し迫っているなか、サイバー空間における日本の安全保障戦略についても考えていく必要があります。

2013年12月に閣議決定された「国家安全保障戦略[*14]」(以下「旧戦略」と呼ぶ)では初めてサイバーセキュリティについての記載が加えられました。

このなかで「グローバルな安全保障環境と課題」の一項目として、「国際公共財(グローバル・コモンズ)に関するリスク」が取り上げられ、「国家の秘密情報の窃取、基幹的な社会インフラシステムの破壊、軍事システムの妨害を意図したサイバー攻撃等によるリスクが深刻化しつつある」との認識を示した上で、「我が国においても、社会システムを始め、あらゆるものがネットワーク化されつつある」ことを踏まえ、「情報の自由な流通による経済成長やイノベーションを推進するために必要な場であるサイバー空間の防護は、我が国の安全保障を万全とするとの観点から、不可欠である」として、サイバーセキュリティが国の安全保障戦略の重要な部分をなすことを初めて明確化しました。

そして、それから9年後の２０２２年12月に閣議決定された「国家安全保障戦略」「国家防衛戦略」「防衛力整備計画」という、いわゆる戦略三文書において、旧戦略におけるサイバーセキュリティ関連の記述を大幅に上回り、サイバー空間における自衛力のあり方について掘り下げたものとなりました。

特に注目されるのが能動的サイバー防御（ＡＣＤ：Active Cyber Defence）の導入です。具体的には安全保障戦略のなかで、「武力攻撃に至らないものの、国、重要インフラ等に対する安全保障上の懸念を生じさせる重大なサイバー攻撃の恐れがある場合、これを未然に排除し、また、このようなサイバー攻撃が発生した場合の被害の拡大を防止するために能動的サイバー防御を導入する」としています。

能動的サイバー防御が日本の安全保障関連の文書に登場したのは今回が初めてであり、これを現実に運用していくためには、法制面や組織面から様々な検討が必要になります。そして、こうした検討に際して重要なのが抑止戦略（Deterrence Strategy）という考え方です［図4-3］。

[図4-3] 抑止戦略と能動的サイバー防御(ACD)

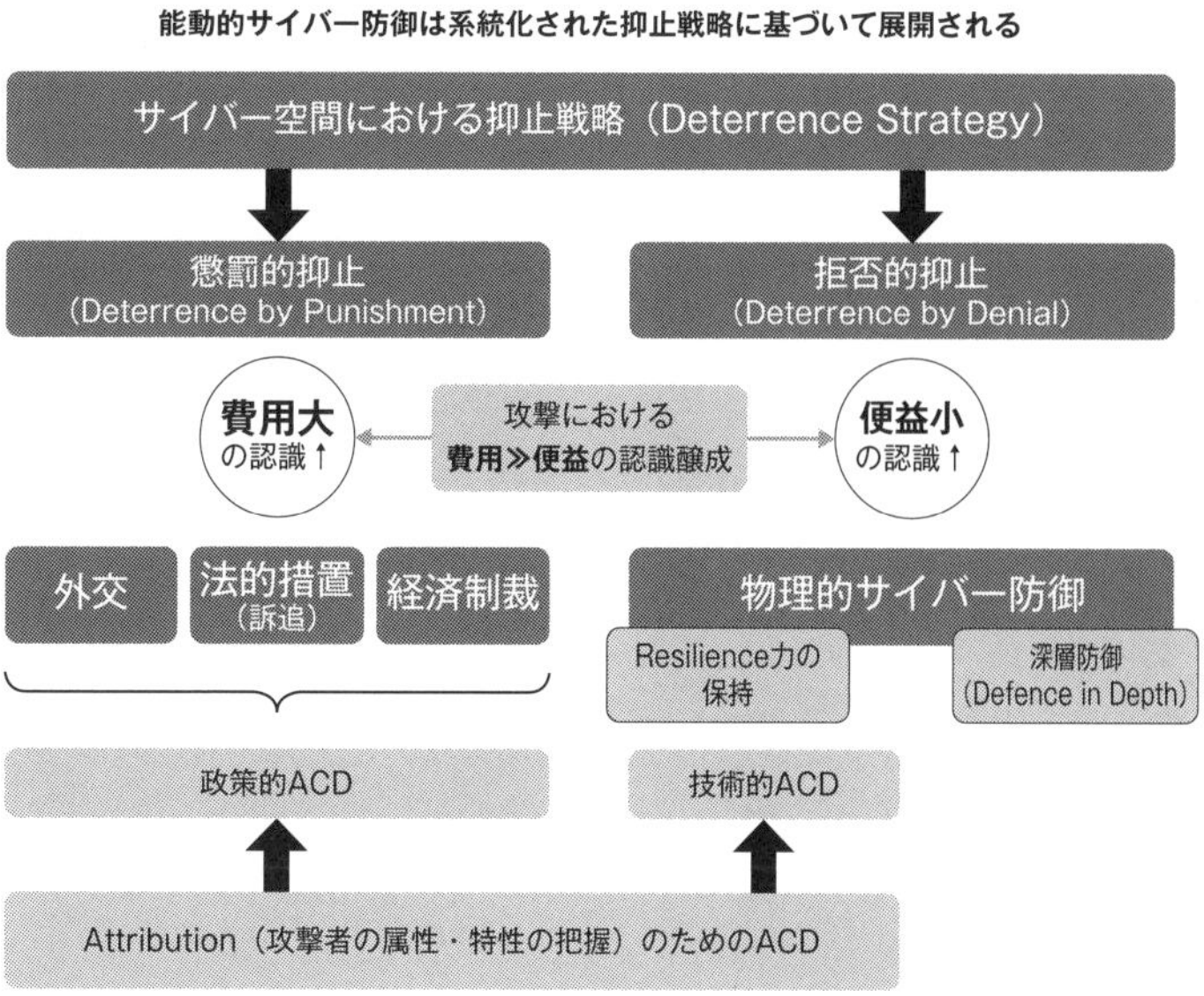

つまりデジタル冷戦の時代に向かうなかでサイバー攻撃を通じた事態のエスカレーションを防止するためには、特に国の関与が疑われるサイバー攻撃について相互に抑止しようとするメカニズムが有効に機能する必要があります。

もともと国の関与が疑われるサイバー攻撃は経済的利得を得ることを目的としたり、相手国の評価(reputation)を傷つけることを狙って行われてきましたが、ロシアによるウクライナ侵攻に見られるように、グレーゾーン事態やハイブリッド戦争と呼ばれる事態が現実のものとなり、サイバー攻撃の抑止が国の安全保障にとって根幹をなす部分の一つとなっているといえます。

しかし、サイバー攻撃についてはそもそも攻撃元の属性をどのように特定するかというアトリビューション（attribution）問題があります。どのような経路をたどって攻撃が行われたのかという経路分析を行おうとしてもその経路を消すＴｏｒ《トーア》（The Onion Router）と呼ばれる技術が存在したり、攻撃に使われるサーバー群が第三国にあってこれを乗っ取って攻撃が行われる場合も多数存在しているからです。何よりサイバー攻撃は攻撃者側が圧倒的に優位な立場にあり、攻撃の予兆を探知したり先回りして攻撃を防止するような技術が求められるようになってきています。こうしたなか、サイバー空間における抑止戦略が求められます。

抑止戦略における2つの手法

相手（攻撃者）からのサイバー攻撃の動きに対しては、２つの手法の抑止が考えられます。

一つが懲罰《ちょうばつ》的抑止（deterrence by punishment）と呼ばれるもので、相手が獲得しようという利益を上回るコストを与えるという「報復の脅し」によって相手の行動を踏みとどまらせようという手法です。いわばサイバー攻撃を行うとそれを上回る費用を代償として支払う羽目になると相手に思わせる手法で、例えば法的措置（攻撃者の訴追）や経済制裁の実施などがこれに含まれます。

もう一つは拒否的抑止（deterrence by denial）と呼ばれるもので、まさに物理的な対策をもって相手国のサイバー攻撃に対処して被害を最小化する手法です。これはサイバー攻撃を手がける手間が大きいにもかかわらず攻撃から得られる利益が著しく小さいと思わせるものです。

この2つの抑止の手法を組み合わせることでサイバー攻撃の費用を最大化し、利益を最小化することで攻撃を思いとどまらせるということです。そして前者の懲罰的抑止が政策的ＡＣＤ、後者の拒否的抑止が技術的ＡＣＤと呼ばれることもあります。いずれの場合も攻撃元が誰なのかというアトリビューション分析が前提条件として大事になってきます。このアトリビューションのための解析行為もＡＣＤの一類型であるといえます。

このように、一言で能動的サイバー防御といってもその範囲は広く、まず攻撃主体を特定することを目的としたアトリビューションのためのＡＣＤがあり、攻撃者の特定を行った上で政策的ＡＣＤとしての懲罰的抑止、そして物理的なサイバー防御を行う技術的ＡＣＤとしての拒否的抑止が存在しているのです。能動的サイバー防御のあり方を考える上で、その前提として、サイバー抑止戦略の枠組みを国として明確にすることが必要不可欠なのです。

デジタル民主主義とインターネットガバナンス

本章ではサイバー空間における国際ルールを巡る議論について見てきました。サイバー空間における国際ルールとは、国家がサイバー空間にどこまで介入することができるのかという問題であり、サイバー空間が民主的な空間として維持できるかどうかという議論と表裏一体のものだといえます。

そして、こうした国際ルールの問題が重要視されてきているのは、２０２２年２月のロシアによるウクライナ侵攻においてハイブリッド戦争やグレーゾーン事態が現実化し、まさにサイバー空間への国家の関与、さらにいえば国家がサイバー空間をどこまで支配してよいのかということが検討すべき重要課題となったからです。

こうした議論を複雑にしているのは、インターネットというネットワークが民間の設備投資で成り立っている国際的なインフラであり、かつインターネットが社会経済活動の基盤となり、インフラのなかのインフラとしての地位を確固たるものにしたからだといえるでしょう。

リアル空間とサイバー空間が一体化するなか、マルチステークホルダー主義とマルチラテラル主義の対立など各国の意見の隔たりが大きく、国際ルールの確立が遅れることでデジタル冷戦ともいうべき状況を招来する可能性が高まり、こうした事態を回避するためには何をすればよいのかという議論が続いています。

民主主義を標榜する日本はほかの旧西側諸国と同様にマルチステークホルダー主義を堅持しているわけですが、他方、デジタル技術は権威主義国家にとっては国家の統制を従来よりも容易にするという面があるのも否定できない事実です。これに比べてマルチステークホルダー主義はコンセンサスを得るにも時間やコストがかかります。

インターネットガバナンスのあり方を巡る議論は、デジタル社会における民主主義の有効性はどうなのかという根本的な問いを投げかけています。

註

＊1 UN General Assembly, Group of Governmental Experts on Developments in the Field of Information and Telecommunications in the Context of International Security (July 2015) https://digitallibrary.un.org/record/799853#record-files-collapse-header（２０２３年７月21日アクセス）

＊2 Justin Sherman, "China's War for Control of Global Internet Governance", SSRN.（July 2022）https://papers.ssrn.com/sol3/papers.cfm?abstract_id=4174453（２０２３年７月21日アクセス）

＊3 マルチステークホルダー主義とマルチラテラル主義の対立（相剋）については、例えばJacob Hafey and Dona Poponete, "How the War in Ukraine Will Shape the Future of the Internet," March 2022, Access Partnership (https://accesspartnership.com/how-the-war-in-ukraine-will-shape-the-future-of-the-internet/) を参照されたい。（２０２３年７月21日アクセス）

＊4 星暁雄「中国提案〝ＮＥＷ ＩＰ〟をＩＥＴＦが蹴る、インターネット分断を懸念〜インターネットと人権」ｎｏｔｅ（２０２０年４月８日付）https://note.com/akiohoshi/n/nd56fde949f9b（２０２３年７月21日アクセス）

＊5 Liaison statement, "Response to "LS on New IP Shaping Future Network"", IETF. (March 30, 2020) https://datatracker.ietf.org/liaison/1677/（２０２３年７月21日アクセス）

＊6 Nigel Cory & Luke D, "How Barriers to Cross-Border Data Flows Are Spreading Globally, What They Cost, and How to Address Them," ITIF (Information Technology & Innovation Foundation) (July,2021) https://itif.org/publications/2021/07/19/how-barriers-cross-border-data-flows-are-spreading-globally-what-they-cost/（２０２３年７月21日アクセス）

＊7 "Joint Statement of the Russian Federation and the People's Republic of China on the

International Relations Entering a New Era and the Global Sustainable Development", President of Russia (February 4, 2022) http://en.kremlin.ru/supplement/5770（2023年7月21日アクセス）

＊8 US Department of State, "Declaration for the Future of the Internet" (April 28, 2022) https://www.state.gov/declaration-for-the-future-of-the-internet（2023年7月21日アクセス）

＊9 「はじめに」脚注1を参照。

＊10 イアン・ブレマー（著）、稲田誠士（監訳）、ユーラシア・グループ（翻訳）、新田享子（翻訳）『危機の地政学――感染爆発、気候変動、テクノロジーの脅威』（2022年、日本経済新聞出版）

＊11 内海正巳「マルチステークホルダー・プロセスによるインターネットガバナンスの問題解決の可能性と限界」（2018年、第34回佐藤栄作賞）https://satoeisaku.com/img/essay/Masami_Utsumi.pdf（2023年7月21日アクセス）

＊12 内閣府国民生活局企画課「マルチステークホルダー・プロセスの定義と類型」（2008年6月）https://www5.cao.go.jp/npc/sustainability/research/files/2008msp.pdf（2023年7月21日アクセス）

＊13 英国下院における演説（1947年11月11日）International Churchill Society のウェブサイト https://winstonchurchill.org/resources/quotes/the-worst-form-of-government/（2023年7月21日アクセス）

＊14 内閣官房「国家安全保障戦略について」（2022年12月、2013年12月17日閣議決定）https://www.cas.go.jp/jp/siryou/221216anzenhoshou.html（2023年7月21日アクセス）

［第5章］

インターネットの未来

データ駆動社会――「集中」から「分散」へ

本書では、インターネットが社会経済システムの基盤インフラになったことを実感させる様々な事象を見てきました。そして、そこから浮かび上がってきたのがデータの戦略的な重要性であり、目指すべき社会を「データ駆動社会」と位置づけ、これに関連する動向をいくつかの領域に分けながら解説してきました。

本書の大きなポイントとなるのは「集中と分散」という要素です。

コンピュータの世界ではメインフレームからパソコンへの移行、さらにクラウドサービスの普及とエッジコンピューティングの登場というように、インテリジェンス（コンピューティング能力）の「集中と分散」を繰り返してきました。

同じく通信の世界でも、電話時代の回線交換の世界（電話会社が集中的に通信全体を司《つかさど》る）から無数のルーターで通信を成立させるインターネットへの移行という大きな流れがあります。この流れも「集中と分散」そのものです。

データ駆動社会は、本書で繰り返し述べてきたように、データの収集・蓄積・解析・利用を通じてリアル空間における課題解決を目指す社会であり、データが国民の行動変容や新たな富を生み出します。

データの重要性については、ここ数年においてもロシアによるウクライナ侵攻や新型コロナウィルス対策において痛感させられました。ウクライナでは偽情報の流布やＳＮＳを使ったロシア軍の攻撃状況の把握など、様々な形でデジタル技術が利用されており、グレーゾーン事態やハイブリッド戦争と呼ばれる事態が現実化し、日常化した状況となっています。新型コロナウィルス対策においてもデータを使った行動変容を促す試みが行われたり、逆にデータ連携が機能しないことによる自治体業務の逼迫《ひっぱく》などが発生しました。

私たちは巨大プラットフォーマーの提供するサービスを通じ、これまでにない利便性を獲得しています。インターネット上の膨大な情報のなかから検索サービスによって求める情報を瞬時に手に入れることができ、ＳＮＳなどのプラットフォームを使って多数の参加者に対する情報発信などを行うことも可能になっています。デジタル技術の力の大きさを日々感じます。

一方、巨大プラットフォーマーが膨大なデータを活用して人々の行動変容を促してときに選挙の結果を変えたり、国と国の間の憎悪を助長することに使われたりする状況を目にします。さらに巨大資本を背景に生成ＡＩやロボティックスなど次の成長領域にも間断なく資金を注ぎ込んでいく姿を見ると、私たちは巨大プラットフォーマーというメガテックに支配され続け、プライバシーのないサイバー空間に身を置くことを余儀なくされるのではないかという、漠然とした不安を抱きます。

こうした不安はどこから来ているのでしょうか。

それは、本書で繰り返し論じてきたように、「少数の者へのデータという富の集中」と「非競争的なデータ流通」という2点にあります［図5-1］。

このうち、「少数の者へのデータという富の集中」というのは、中露そして多くの途上国においては国が国民のデータを収集・管理している権威国家主義の世界であり、これは国がサイバー空間にどこまで介入することが許されるのかというインターネットガバナンスの問題を提起します。

［図5-1］データ駆動社会——集中から分散へ

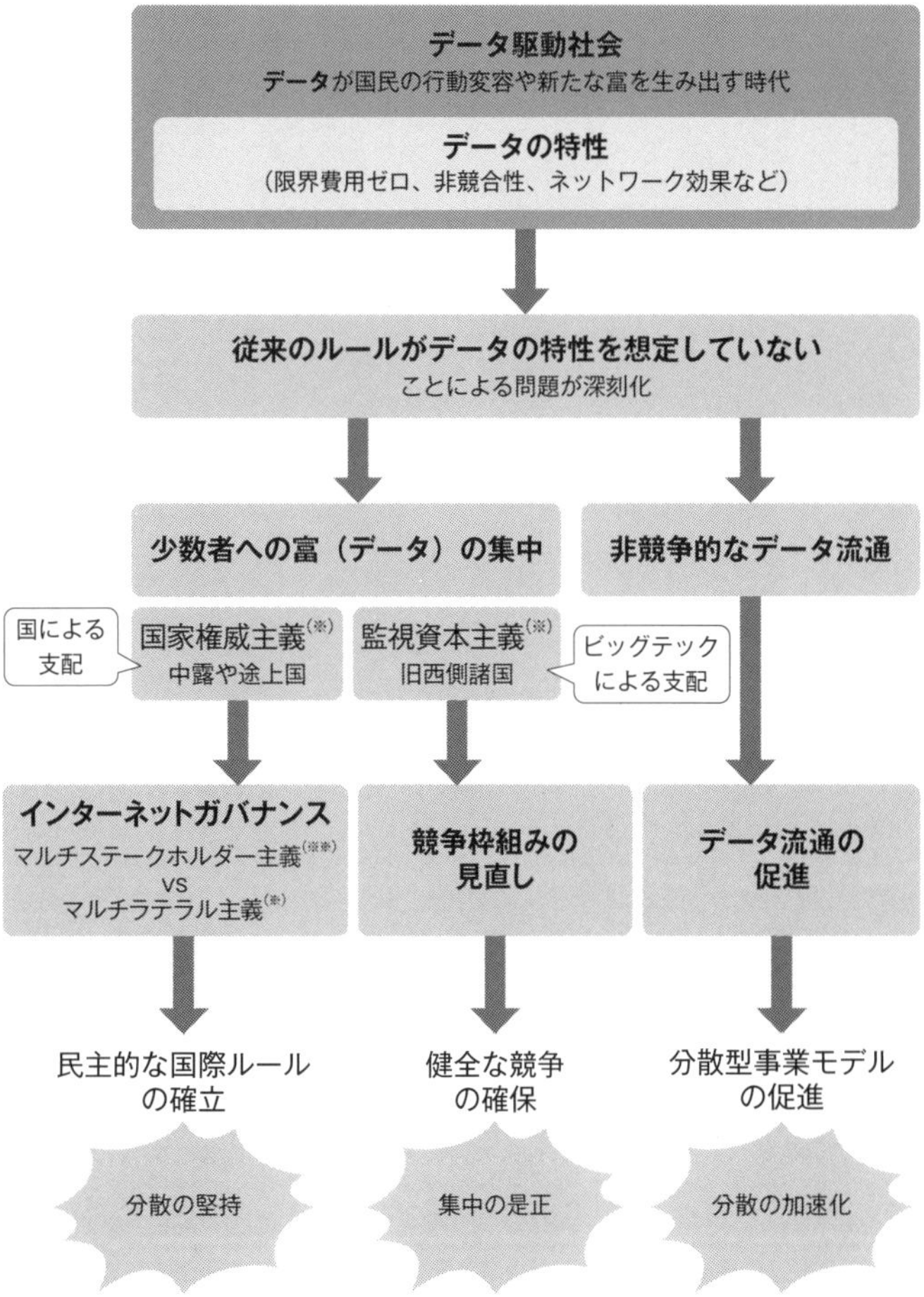

具体的には、サイバー空間における国際ルールをどのように決めるべきか、どのような国際ルールを確立すべきなのかという議論です。分散型というインターネットの特徴をどう考えるかということでいえば、分散型であることによって柔軟で自由なインターネットが実現してきたのであり、目指すべきは民主的な国際ルールの確立を通じた「分散の堅持」です（＝第4章「デジタル民主主義を巡る対立」）。

次に「非競争的なデータ流通」ですが、自由主義を標榜する旧西側諸国においては巨大プラットフォーマーにデータの収集・管理の力が集中している状況にあり、政府がデータを集約している権威国家主義の国々とは違うものの、データ流通の競争性が失われています。

そこで、旧西側諸国ではプラットフォーマーにデータが集中して市場支配力を行使している状況を改めるため、限界費用ゼロ、非競合財、ネットワーク効果などのデータの特性に対応した競争法の見直しが行われています。これは「行き過ぎた集中」の是正を目指すものです（＝第2章「データ資本への変遷」）。

「非競争的なデータ流通」のもう一つの課題は、データ流通を促進する制度的な枠組みをつくる必要があるということです。欧州では、データガバナンス法やデータ法といった取り組みが先行して行われています。

また、こうした制度的な枠組みづくりとあわせてＷｅｂ３のような分散型事業モデルの登場を促す市場環境の整備、いわば「分散の加速化」の取り組みも求められます（＝第３章「データ流通基盤の幕開け」）。

このように、データ駆動社会を実現するカギは「集中と分散」の適正なバランスをどのように実現していくのかという点にあります。

本書から浮かび上がる10の論点

それでは次に、各テーマに共通する水平的な視点からデジタル政策の論点を改めて10項目に整理してみます。

論点1．「有形資産」と「無形資産」

データ駆動社会について考えるとき、モノという有形資産（tangible asset）とは異なり、データという無形資産（intangible asset）が社会経済の中核で機能し、その比重が大きくなるなかで、従来とは異なる市場ルールが求められます。それはデータの持つ特性（限界費用ゼロ、非競合性、ネットワーク効果など）が従来のモノとは大きく異なるからです。

各国ともに手探りの状況にあるのは、データ駆動社会においてデータ連携が大きな価値を生み出すことは理念として理解できるものの、広範囲なデータ連携を進めるインセンティブが企業側に働きにくいからです。

サプライチェーンに位置づけられる企業群や資本関係のあるグループ企業などが、データ連携を図ることでサプライチェーン全体の生産性を向上させたり、企業群としてデータの戦略的な活用を図ることは考えられますが、例えば社会課題解決へのソリューションづくりのために多様な企業がデータを持ち寄るということは現時点では考えにくいです。

むしろ環境問題などにおけるアプローチを参考としつつ、企業が自発的にデータ提供を行うことで「公共的な役割を果たしている」という社会的な評価が得られる、ＤＡＯ型のデータ共同組合のような組織を組成して、そこでデータ共有を行った参加者にはトークンを付与するなど、何らかの誘因づけを行う仕組みを考える必要があります。

また、何より無形資産であるデータの経済的価値を測定することが現時点ではできていません。しかし、同じ無形資産である知的財産が企業の財務会計に計上されているのは、知的財産の場合はすでに第三者評価や市場取引が行われることで市場価格が形成されてきたことによります。だとすれば、データの取引市場の育成などを図りデータの市場価値を形成していくと同時に、その経済的価値を計測可能とする仕組みづくりも考えていく必要があります。

　こうした取り組みを通じて、データ駆動社会がもたらす経済的インパクトを計測したり、データ価値と企業価値を紐づけたりすることも可能となるでしょう。

論点2．「モノ中心主義」と「サービス中心主義」

　これまでモノの設計・製造・販売は中長期にわたる設備投資計画を基に企業が推進し、モノの販売（売り切り）で一括して投資コストの回収と利益の確保を実現するという事業モデルを維持してきました。これは産業革命以来の大量生産・大量消費を支えてきた伝統的な事業モデルです。

　しかし、データ駆動社会において、デジタル技術を活用したモノの価値は技術革新を背景に急速な陳腐化と価値の減耗が進みます。

このため、伝統的なモノの販売、すなわちモノ中心主義（Goods Dominant Logic）とは市場環境が大きく異なります。具体的には、モノの設計・製造・流通・販売に要した費用を投資で回収する際には、モノを利用することで提供可能となるサービス（例：「車を所有・利用」するという行為ではなく、「車による移動サービスを利用」するという考え方への移行）を利用者に提供して顧客との関係を維持しつつ、サービス提供の対価で投資コストの一部を回収し利益を確保していくサービス中心主義（Service Dominant Logic）の考え方です。

例えば、クラウドサービスは従来のサーバー類を購入してシステムを構築するという所有・運営型の形態を変え、クラウドサービスという役務を必要な量だけ購入するという形態になっています。

サービス中心主義ではモノの販売を前提にすることなく、モノを共有するシェアリングの形態をとる事例が多くなっています。また、モノの利用実態をデータとして把握したり、利用者の属性データを基にサービス内容の改善（例：車の走行データを基にした自動車保険の適用料率の変更）、ソフトウェアによってサービス内容の更新（例：車に搭載されたＯＳの機能をネット経由で更新して機能追加するＯＴＡ［Over The Air］という手法）などが可能になっています。

　したがって、サービス中心主義の比重が大きくなるにつれて、データを最大限活用しつつ、モノの稼働率やサービス価値の向上、サービスそのものの普及などを実現することが可能となります。「所有から利用へ」という流れは、データ駆動社会が進展することでさらに加速します。

論点3．「新自由主義」と「修正資本主義」

　資本主義社会では、市場メカニズムを基本に据えて社会経済システムが設計されています。一般に、モノを売りたい人（供給側）とモノを買いたい人（需要側）の間の調整過程でモノの価格が決まります。

　しかし、例えば供給側と需要側の対等な関係が崩れたり両者の有する情報に非対称性が生まれ、結果として供給側の交渉力が強くなりすぎると、合理的に形成されるよりも高い価格が設定されてしまいます。つまり、市場の失敗という状況が起き、超過利潤が供給側に発生します。

こうした市場の失敗を引き起こす要素を排除するために独占禁止法などの競争ルールの整備がこれまでも重ねられてきました。しかし、こうした競争ルール以外の規制のあり方については、１９８０年代から米英を中心に政府による規制を可能な限り取り払うことで市場メカニズムが有効に機能し、社会厚生が最大化するという新自由主義の考え方が主流となりました。

一方で、近年ではデータ駆動型の事業モデルが多数出てくるなか、市場のパイの拡大が実現したとしても市場における分配の不公平感（一部のプレーヤーへの富の集中）が深刻化しており、一定の規制によって市場メカニズムを補完することで所得分配の公平性の確保や社会厚生の最大化につながるという考え方が出てきました。これが修正資本主義と呼ばれる考え方です。

繰り返し触れてきたように、社会経済システムでデータの果たす役割が大きくなっていくなか、巨大プラットフォーマーの弊害が明らかである以上、修正資本主義の考え方を採用することには妥当性があるといえます。しかし、これは政府による規制度合いの強化が無条件で容認されることを意味するものではありません。

デジタル技術の革新の速度は速く、かつ変化の度合いが大きく、他方、政府が法律をつくり適用するまでに多大な時間がかかることを考えれば、法規制だけが唯一の手段というわけではありません。過剰な規制はむしろ技術革新を損なうことにつながる危険性があります。その意味では後述（論点4・論点5）するように、ルールの多様性の確保が求められます。

論点4．「事前規制」と「事後規制」

データ駆動社会における規制の形態についても、議論が必要です。例えば市場参加者が特定の事業を開始したり料金変更を行う場合において、あらかじめ規制当局に申請をして認可を受けなければならない場合などを事前（ex ante）規制と呼びます。

これに対し、何らかの問題が発生した場合、その事実を認定して認可の取り消しや業務改善命令を行うといった規制は事後（ex post）規制と呼ばれます。

1980年代以降、市場メカニズム重視の新自由主義の流れのなかで、通信・鉄道などの公益事業部門を中心に国営企業の民営化や大幅な規制緩和を行うとともに独占禁止法の運用強化が行われました。具体的には、市場メカニズムを尊重する観点から、事前規制を極力廃止し、事後規制を中心にするようになったのです。[1] もちろん規制緩和によって市場参加者が自由に事業展開を行うことで市場の活性化をもたらし、市場規模の拡大やサービスの多様化といった競争の果実を実現してきましたが、他方で分配の不公平感が高まりました。

こうしたなか、「『有形資産』と『無形資産』」（論点1）で述べたように、データ駆動社会においては競争法の枠組みのなかで部分的に事前規制の導入が進められています。他方、「『新自由主義』と『修正資本主義』」（論点3）のように、事前規制の導入は競争の阻害要素をあらかじめ除去することを目的とするものであり、それ以外の目的で事前規制を導入することは適切ではありません。

なぜなら、事前規制（経済的規制）[2] は市場メカニズムに委ねておくと具体的な問題が発生する蓋然《がいぜん》性が高いという場合に限り導入が正当化されますが、市場そのものが技術革新によってどんどん変わっているデジタル関連市場においては事前規制の枠組みは有効に機能せず、むしろ市場の発展を妨げる懸念があるからです。

また、例えばデジタル市場のなかでもデータ流通の世界に事前規制（社会的規制）を導入しようとする場合、偽情報対策に対して国の規制で対処するということになります。

実際にドイツでは、「ネットワーク執行法」によって登録利用者数が２００万人以上のプラットフォーマーは明らかに違法なコンテンツについては申告を受けてから24時間以内に、それ以外の違法コンテンツについては申告を受けてから７日以内に削除することが求められます。ドイツの場合、歴史的背景からナチスドイツを賛美するような表現行為は禁止されており、その点は理解できますが、違法コンテンツには「侮辱」や「悪評の流布」なども含まれており、制度の運用はかなり注意を要するものとなっています。

あくまでも違法情報の流通を取り締まる事前規制は必要ですが、しかし、有害情報の流通を法規制で取り締まることは好ましいことではありません。それは「有害とは何か」という判断を政府が行うとなると、政府に都合のよくない情報を有害情報として取り締まり、結果として表現の自由や報道の自由が損なわれる懸念があるからです。

このように規制の種類に応じて、事前規制と事後規制のいずれを採用するのか、また2つのバランスはどうかといった判断をすることが求められます。

論点5．「ハードロー」と「ソフトロー」

データ駆動社会において競争法に事前規制の要素を導入する動きは、市場メカニズムを否定するものではなく、市場メカニズムが機能しない部分を補完するものだといえます。

そして、こうした法規制（ハードロー）だけではなく、近年、官民が共同してルール運用を行う共同規制や業界団体などによる自主規制など、いわゆるソフトローと呼ばれる手法の活用が従来以上に重要になってきています。

欧州における偽情報対策においては、欧州委員会が偽情報対策の行動規範（Code of Practice on Disinformation）をつくり、これに同意した民間事業者が自らの判断と手法によって対策をとります。その結果を当局に提出、当局がこれに評価を加え、場合によっては行動規範の修正を行うという官民でのキャッチボールを通じて偽情報対策という公共目的を実現しようということを狙いとするものです。

また、少し視点は異なりますが、日本におけるネットワークの中立性を巡る議論において、ネット混雑への対処については行政（総務省）の有識者研究会で方向性が出された帯域制御の運用基本方針を踏まえ、テレコムサービス協会や日本インターネットプロバイダー協会を含む4つの関連団体が自主的に運用ガイドラインを策定しています。これも各事業者の自主性を尊重しつつも連携した動きを実現するという点で有効な共同規制の例といえます。

このように、データ駆動社会においてはソフトローの役割が従来以上に重要になってきているといえますが、いずれにせよ、ハードローとソフトローをどのように選択・適用するのか、両者の適正なバランスのあり方などについては継続的な議論が必要でしょう。

その際に政府がソフトローの運用に過剰な重点を置くとすれば、ハードローというハードルを回避して裁量的な行政運営を行うことにつながりかねません。

このため、政府においてソフトローをどのような場合に採用するか、ソフトローの手順の透明性をどう確保するか、ソフトローの見直しをどのような場合に行うかなど、ソフトローの運用方針についてあらかじめガイドラインなどで明確化することで行政運営の透明性が向上することが期待されます。

論点6.「差別」と「区別」

データ駆動社会においては、市場メカニズムが有効に機能しない局面があり、これを補完するためのルールが必要です。

前述のとおり、モノやサービスの価格というのは需要や供給に関わる様々な供給側の変数（生産量、モノやサービスの品質）と需要側の変数（購入者の属性や嗜好、所得など）がバランスするところで決まっています。料金はこうした様々な変数の評価を一括りにした一種の代理変数だといえます。

しかし、データ駆動社会においては多数の属性データを踏まえ、ＡＩによる解析などを通じ、多数の要因を考慮して直接的な価格づけを行うことができます。そして、多数の要因を考慮可能だということは需要家一人ひとりに異なる料金をつけることも理屈としては可能だということになります。

しかし、どのようなロジックで料金を個別最適化するかという点が重要になります。つまり、ロジックのあり方次第では合理的な区別ではなく、むしろ特定の属性に対して正当な評価を行わない差別になる可能性もあるのです。

データ駆動社会においては、これまで想定し得なかったようなきめ細かい条件のサービス提供（個別化）が可能になると思われます。しかし、例えばＡＩによる個別料金設定や顧客選別が区別ではなく差別だとなれば、それは社会的に見て大きな問題となります。

同じ差別と区別の問題はＡＩのあり方についても議論となります。例えばＡＩアルゴリズムのロジックが第三者によって検証可能な形になっているという意味でのアカウンタビリティ（説明責任）を果たす必要があります。ただし、この場合も「『新自由主義』と『修正資本主義』」（論点3）で触れたように、単純に法規制を導入するのではなく、ソフトロー的なアプローチや、アカウンタビリティを確保するための技術の開発とその実装など、柔軟で多様な対応のあり方について議論することが求められます。

論点7．「国内ルール」と「国際ルール」

　サイバー空間には国境がありません。このため、例えば日本でデジタル技術を活用したサービスを展開する場合、日本国内に拠点を置く場合もあれば、米国やアジアに拠点を置いて日本向けにサービス提供を行うことも可能です。従来の法制度はこうした海外から日本向けに直接サービス提供を行うという形を想定していませんでした。

　しかし、例えば欧州の一般データ保護規則（ＧＤＰＲ）では個人情報の収集について厳格なルールを適用し、欧州域外の事業者が域内の個人のデータを収集する場合であってもＧＤＰＲが適用され、違反した場合には膨大な罰金が科されるという域外適用の仕組みをつくりました。

　日本においても、２０２１年４月に施行された改正電気通信事業法において、海外拠点から直接日本に向けてサービスを提供する事業者であっても、日本国内に代理人を置き、電気通信事業法の適用を受けられるようにしなければいけない仕組みを導入しています。これは法律の域外適用そのものの事例ではありませんが、やはり市場がボーダーレス化しているなかで起きている課題に制度として対応した一つの例だといえます。

このように海外市場も念頭に置いた法体系の国際化は、サイバー空間における活動実態を反映したものだともいえますが、他方、同じような取り組みを各国が行い、しかも各国の導入するルールが大きく異なっている場合、結果として、いくつも域外適用される各国の規制のなかで一番重い規制に対応しなければならない事態になりかねず、事業コストの高騰を招くことが懸念されます。

こうした事態を避けるためには、各国の国内ルールについて国際的な整合性を確保するための努力を続けなければなりません。

具体的には、データ駆動社会のなかで確保しなければならないこと、例えばデータを国外に持ち出すことを許可しないデータローカライゼーションの禁止、データ流通の促進やデータセキュリティの確保を目的とするトラストサービスなどの制度整備を内容とする新たな「国際デジタル協定」を有志国間で締結し、これに基づいて官民連携により国内ルールを整備していくといった「国際ルールと国内ルールの連携」の取り組みが重要です。そのためにはルールの多様化が進む世界で、ソフトローのあり方についても横断的な議論を進め、その運用方法についても可能な限り国際的な調和を図っていくことが必要です。

論点8.「自由主義国家」と「権威主義国家」

インターネットはそもそも研究者のネットワークであり、自由な活動が保障されたサイバー空間を形成してきました。しかし、インターネットが重要な社会経済基盤になるにつれて、インターネットを巡る環境が大きく2つに分かれるようになってきました。

その一つが日米欧に代表される自由主義国家。リアル空間で保障されている自由はサイバー空間においても同様に保障されるべきだという考えに立ちます。

これに対し、中露や多くの途上国が礎《いしずえ》としているのが権威主義国家です。政府を中心とした国家運営であり、サイバー空間における国家主権（サイバー主権）を強く主張し、自国におけるサイバー空間への政府の関与（管理）について他国が批判することは内政干渉にあたるという立場です。

国家運営のあり方について様々な形があるのは、ある意味、当然のことです。しかし、国家運営のあり方、国家主権の運営の違いというものがインターネットにも影響を及ぼし、世界の人々と自由にコミュニケーションを図ることができるというインターネットの本質的な意義が損なわれることは避けなければなりません。

インターネットに関連したキーワードの一つに“One World, One Network”というのがあります。国家運営のあり方が異なる2つの陣営が存在し、デジタル冷戦によって両陣営がインターネット経由のコミュニケーションに支障が出る事態は何としても回避する必要があります。その一つのカギとなるのが、インターネットのパブリックコア（Public Core of the Internet）という議論です。

一部の識者*3はインターネットの基本的な機能の提供を確保しているインフラ部分——具体的にはＴＣＰ／ＩＰプロトコル群、標準、ＤＮＳ（Domain Name System＝電子メールのアドレスなどに使われるドメイン名とＩＰアドレスを紐づけるシステム）、ルーティングプロトコル（ルーター間で経路選択をするための通信プロトコル）など——については国際公共財（global public good）として位置づけ、政府の介入を禁止し、テックコミュニティに運営を委ねる仕組みを考えるべきだと主張しています。

これは、「インターネットというインフラのガバナンス（governance of the Internet's infrastructure）」は、権威主義国家による「インターネットというインフラを使ったガバナンス（governance using the Internet's infrastructure）」とは違うということであり、図4-1でいえば、パケット流通層のガバナンス（前者）はデータガバナンス層のガバナンス（後者）とは異なるということです。

このように、インターネットのパブリックコアのあり方を含め、インターネットガバナンスを巡る議論に積極的に参加し、インターネットのグローバルな接続性を維持していくための努力を続けていくことが必要です。

その際、インターネットガバナンスを巡る議論はテックコミュニティに閉じたものではなく、市民団体を含む様々な利害関係者が参加して行っていく必要があります。また、これを実効あるものとしていくには、テックコミュニティ以外にはわかりにくい議論内容を第三者に伝えるコミュニケーション技術やコンテンツなどが重要な役割を果たすことになるでしょう。

論点9．「マルチステークホルダー主義」と「マルチラテラル主義」

自由主義国家と権威主義国家という国家運営のあり方の違いは、サイバー空間に国がどこまで関与するのかということと表裏一体の関係にあります。

自由主義国家においては、国のみならず、産業界、学会、市民社会など様々な利益を代表する人たちが平等な立場で参加して議論するマルチステークホルダー主義を採用しています。

これに対して権威主義国家においては、国がインターネットを基礎とするサイバー空間のルールを決める主義をとっており、インターネットの国際ルールについても国家同士で取り決めることが望ましいと主張しています。これがマルチラテラル主義です。

マルチステークホルダー主義とマルチラテラル主義の違いは、「『自由主義国家』と『権威主義国家』」（論点8）で述べたように、国家がインターネットにどこまで介入することを許容するのかという立場の違いです。

マルチステークホルダー主義の場合、多くの主体の連携を基本とする分散型のガバナンスを志向しています。これに対して、マルチラテラル主義を標榜する国家は国をほかの主体の上位に置く集中型のガバナンスを志向しています。ここでも集中と分散の対立という根源的な対立が見えてきます。

こうした対立が根深いのは、グレーゾーン事態やハイブリッド戦争が現実化するなか、サイバー空間の利用が安全保障に直結する問題となり、容易に妥協することが困難になってきているということが挙げられます。

他方、こうした対立が続くことでデータローカライゼーションなどの保護主義的な動きが広がるとデータ駆動社会から世界が得られる便益の相当部分が失われるという懸念があります。また、こうした対立のなかでWeb3に代表される分散型事業モデルがグローバルに展開していくことが困難になるのではないかという指摘もあります。

このように、マルチステークホルダー主義とマルチラテラル主義の対立は広範な影響を世界に与えています。

論点10.「セキュリティ」と「利便性」と「プライバシー」

最後にセキュリティ、利便性、プライバシーという3つの項目が相互に対立関係にあるという点について触れたいと思います。

仕事をしていく上でも、また暮らしの上でも、デジタル技術は欠かすことができないものとなっています。

しかし、セキュリティを固めようとしすぎると操作性が損なわれて、利便性が低下します。セキュリティを強化しようとする場合、個人の通信ログを逐一解析して接続先を把握して管理することで不正サイトへのアクセスや情報の外部流出を早期発見することができるという意味では合理的です。しかし、それは利用者の通信先を第三者がすべて検閲することとなり、通信の秘密やプライバシーが確保されません。

同様に、ユーザーのサイバー空間における立ち居振る舞いを解析することで利便性を高めることが可能であり、実際に検索サービスなどにおいては検索結果の表示などにこうした仕組みが取り入れられたりしています。ただ、それが行き過ぎるとプライバシーが損なわれます。

［図5-2］サイバー空間におけるトラスト

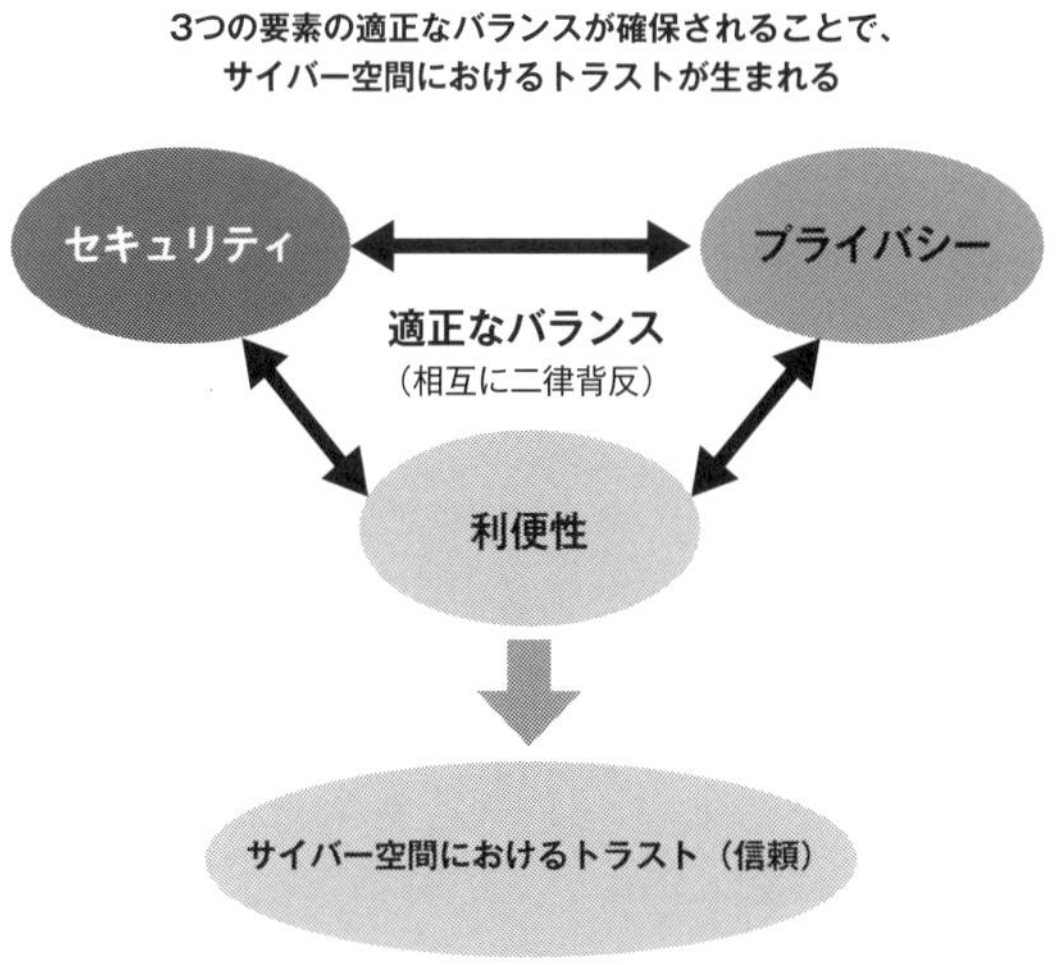

つまり、セキュリティ、利便性、プライバシーは三角形のそれぞれ角の部分に位置して、相互にけん制し合っている対立関係にあります［図5-2］。

データ駆動社会に向かっていくなかにあっても、この3つの要素の適正なバランスが崩れないように常に注意を払っていく必要があります。

そして、この3つの要素の安定的なバランスが確保されている状況、それがサイバー空間におけるトラスト（信頼）が確保されている状況だといえるでしょう。

ＡＩとＧ７の歩み

Ｇ７（主要７カ国首脳会議）の２０２３年開催国である日本は、４月末に開催されたＧ７デジタル・技術大臣会合（群馬県高崎市）で閣僚宣言を公表したのに続き、５月にはＧ７広島サミットを開催し、首脳コミュニケをまとめて閉会しました。

その一連の会合で、デジタル政策の領域ではやはりＡＩに最も大きな関心が集まりました。ＣｈａｔＧＰＴなど生成ＡＩの登場が衝撃的に受け止められているなか、メディアの関心もここに集中した印象がありました。

最終的に首脳コミュニケにおいては、「生成ＡＩに関する議論のため、包摂的な方法でＧ７の作業部会を通じた〝広島ＡＩプロセス〟を年内に創設する」という方針が示されました。そして、「これらの議論は、ガバナンス、著作権を含む知的財産の保護、透明性の促進、偽情報を含む外国からの情報操作への対応、これらの技術の責任ある活用といったテーマを含み得る」としています。

この首脳コミュニケにはポイントが2つあります。

第一に、ＡＩを巡る議論は、総論ではなく各論（具体論）に入っていかなければならないということです。というのも、ＡＩに関する総論の議論はこれまでの積み重ねがあり、かつ生成ＡＩがすでに多くの人たちに使われている状況にあることを考えれば、具体的に何をどうするのかというＡＩガバナンスの議論が必要なのは明らかです。総論の議論としては、日本では、例えば２０１９年3月に総合イノベーション戦略推進会議が公表した「人間中心のＡＩ社会原則」[*4]があります。

そのなかで「公平性、説明責任及び透明性の原則」という項目において、「ＡＩを利用しているという事実、ＡＩに利用されるデータの取得方法や使用方法、ＡＩの動作結果の適切性を確保する仕組みなど、用途や状況に応じた適切な説明が得られなければならない」としています。

首脳コミュニケに盛り込まれた「広島ＡＩプロセス」については、上記の「人間中心のＡＩ社会原則」などの基本原則に立脚しつつ、例えばＡＩの透明性を確保する観点からどのようなルールが求められるのか、ＡＩの透明性を確保するためにどのような技術を実装することが求められるのか、ルール形成はどのような仕組みで進めていけばよいのかといったＡＩガバナンスの具体的なあり方について議論を深めていくことが必要です。

そして、技術革新が激しく、市場環境も大きく変わっていく分野であることを考えれば、ＡＩに直ちに法規制というハードローを適用することだけが選択肢ではなく、運用指針（ガイドライン）や共同規制などのソフトローを活用するアプローチで進むことが必要です。

ＡＩに関する首脳コミュニケのもう一つのポイントは、「偽情報を含む外国からの情報操作への対応」が検討テーマの候補の一つとして挙げられていることです。

偽情報対策についてはすでに前章までで触れたところですが、２０２２年12月に閣議決定された「防衛力整備計画」の「認知領域を含む情報戦等への対処（能力の強化）」という項目において、「ＡＩを活用した公開情報の自動収集・分析機能の整備」という内容が盛り込まれています。認知戦におけるＡＩの活用についてG7の首脳レベルで言及されたのは注目すべき点だといえます。しかし、ＡＩの軍事利用については、立ち入ることを注意深く避けた印象を受けます。

２０２３年２月にオランダのハーグで開催されたＲＥＡＩＭ（Responsible AI in the

Military Domain＝軍事領域における責任あるＡＩ利用）会合において、米国務省は「ＡＩと自律性の責任ある軍事利用に関する政治宣言」と題する文書を公表しました。そのなかでは、例えば軍事利用におけるＡＩの開発・配備・使用に際して、「ＡＩを国際法の義務に合致した形でのみ使用可能とすること」や「意図しない偏り（unintended bias）を最小化する対策を講じること」などを内容とする自主的に守るべき規範（ノーム）を示し、それを国として内外にオープンに約束することを提案しています。ＡＩの軍事利用は非常に重い検討課題ですが、ＡＩの進化が著しい昨今、こうした検討も具体的に進めていくことが求められています。

　さらに、閣僚宣言の附属書において、ＡＩガバナンスの相互運用性の促進について明記された点は重要です。多種多様なＡＩが引き続き登場してくるなか、こうしたＡＩのガバナンスやＡＩのリスク評価や管理、監査、認証スキームを含め、国際的に標準化された信頼できるＡＩの枠組みをつくり、ＡＩの相互運用性（オープン性）を確保することで競争的な環境を確保していくことを目指すとしています。オープン性については「オープン」であることを謳《うた》い文句としつつもほかのシステムへの移行コストがかかったりするケースも多々あり、実効的なオープン性を確保するという意味では、第三者による検証可能な仕組みを構築していくことが必要です。

10年後のネットワーク

前述のデジタル・技術大臣会合でまとめられた閣僚宣言のなかで筆者の目を引いたのは、デジタルインフラの冗長化《じょうちょうか》（故障や事故に備えて同一の設備のスペアを用意しておくこと）について詳しく取り上げていたことでした。

閣僚宣言では、「地上系ネットワーク、海底ケーブルネットワーク、非地上系ネットワークからなる複層的なネットワークを開発、展開、維持」することの重要性を指摘しつつ、ネットワークの相互運用性を確保することがネットワークの強靱性を高めることに貢献すると指摘しています。

このネットワークの冗長性について閣僚宣言に盛り込まれたのは、ロシアによるウクライナ侵攻において、ロシアの砲撃によって通信インフラが損壊していくなか、米国のスペースXが衛星コンステレーション（多数の小型衛星を連携させつつ一体的に運用する仕組み）で提供しているスターリンクによって、軍や地域住民にとってのライフラインである通信回線を確保できたことや近年多発する海底ケーブルの事故などが念頭に置かれていると考えられます。

通信ネットワークを含む、デジタル技術活用の優劣が紛争事案における戦況を大きく左右します。有事が発生した場合に当該国の事業者間はもとより、有志国の連携によってネットワークの相互運用やバックアップを確保し、クリティカルなデータの流れを保持し、敵対国の侵略行為に対抗するということが必要になっています。

このように、デジタル技術があらゆる領域に浸透することによってグレーゾーン事態やハイブリッド戦争が日常茶飯事となってきているという文脈で、ネットワークの冗長性ということについても考えなければならない時代になってきているといえます。

それでは10年後のネットワークはどのような方向に向かっていくでしょうか。

基本的な考え方を情報通信研究機構（ＮＩＣＴ）のホワイトペーパー[*5]で見てみます［図5-3］。

議論の前提として、サイバー空間とリアル空間が一体化したＣＰＳ（Cyber Physical System）を支えるネットワークが想定されます。ＣＰＳで実現したいサービスは多様

［図5-3］Beyond 5Gのコンセプト

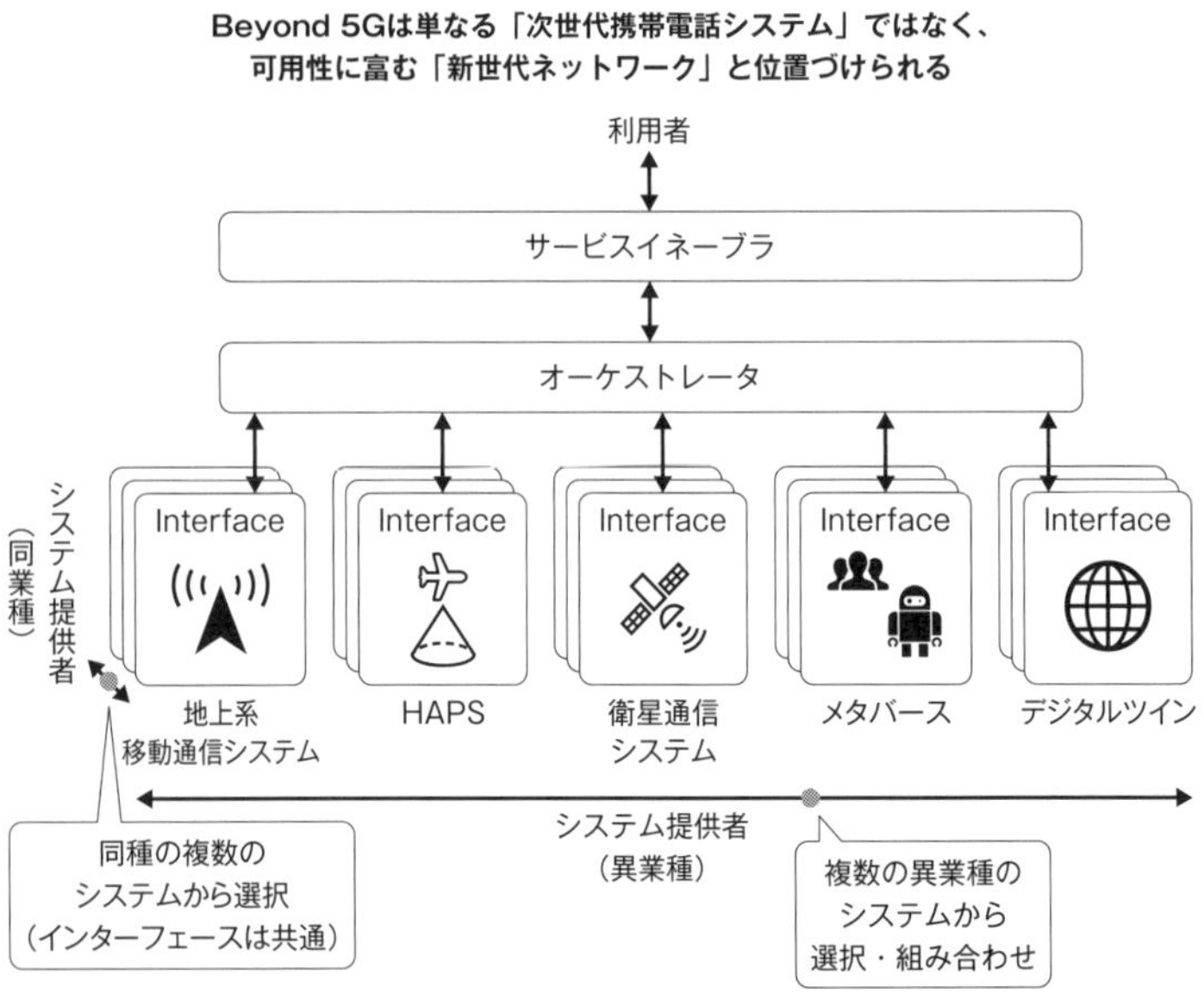

（出典）NICT「Beyond 5G/6Gホワイトペーパー3.0版」（2023年3月）［吹き出し部分は筆者が追記］

な伝送機能やデータ流通機能を組み合わせて実現します。このため、利用者は自らが実現したいCPSのサービスについてサービスイネーブラ（service enabler＝複数のシステムを組み合わせて顧客の希望するサービスを実現する役割）に必要なリソースの調達を依頼します。これを受けて、サービスイネーブラは多様なシステム提供者のなかから必要なものを選定し組み合わせ、仮想的に一つのシステムとして組み上げます。

その際、実際にシステムを組み上げたり、その後のシステム運用を担う役割がオーケストレータです。オーケストレータの役割はＡＩが担うことも十分に想定され、自動化されたオーケストレーションが行われ、利用者のニーズに応じて臨機応変にリソースの構成や比重を変えたりすることも想定されます。もちろん、このシステム内にはクラウドデータセンターやエッジコンピュータの機能が盛り込まれます。また、通信ネットワークのリソースの可用性も高まり、通信会社の商用網（例えば5G）と自営の無線網（例えばローカル5G）のシームレスな連携なども進むことになります。

一言でいえば、利用者のニーズに合わせてネットワーク機能やデータ伝送・蓄積の機能を自由に組み合わせ、仮想化技術を使ってあたかも一つのシステムのように稼働させるという意味で、通信事業者やクラウド事業者があらかじめ決めたサービスメニューを提供し、そのなかから利用者が選択するのではなく、利用者自らが希望するカスタムメイドなシステムを自ら調達・運用することが可能なユーザー本位（user centric）の世界になっていくのが将来的には自然な流れだといえます。

インターネットの未来のために

データ駆動社会の実現に向けた道程にいることは、本書で何度も述べてきたところです。そして、「集中と分散」という言葉で代表される議論が様々な領域で起こっており、それは私たちの日々の暮らしやビジネスから遠く離れた話ではないということを理解していただけたのではないでしょうか。

データ中心の社会に向かうことが必然的な流れであるとすれば、データの特性を踏まえた社会制度改革の徹底を図る必要があります。その際、データエコノミーの恩恵を受けられない人をつくり出さないためにはどうすればよいのか。そのためには透明性が確保された検証可能なデータ駆動社会の実現を図っていく必要があります。

こうした観点に立つと、今まで以上に産学官の連携体制を強化していく必要があります。これまでインターネットの世界は一部の専門家の間で語られてきたのかもしれません。しかし、インターネットが社会経済基盤となり、議論としてカバーすべき領域が技術面のみならず、経済、社会、外交をはじめ広範な分野に及んでいるなか、インターネットガバナンスのあり方についても、今までとは違う議論の進め方を模索していかなければならないでしょう。

さらに、データ連携を促進するための国際的なプロジェクトを積極的に組成していく必要があります。特に地球温暖化など地球上のすべての人々が関わるような課題に関しても、データ駆動社会としてソリューションを多数組成し、解決に向けた協働を促していくことが必要であり、そのための体制はどうあるべきなのかということについても議論を深めていく必要があるでしょう。

インターネットの未来は、どのようなデータ駆動社会を実現するかということと同義です。もともと「自律・分散・協調」を基本精神としてここまで拡充してきたインターネットを地球上の課題解決のためにフルに生かすことができるかどうかは、今後の私たちの具体的な取り組み如何にかかっています。

註

＊1　市場支配力を持つドミナント事業者に対する規制は事前規制として存在する。

＊2　経済的規制は市場の健全な競争の促進など市場活性化を促すことを目的とする。これに対し、社会的規制はサービス利用者の保護などの側面から導入される規制を指す。

＊3　Dennis Broeders, “The public core of the Internet : An international agenda for internet governance,” Amsterdam University Press, 2016. https://library.oapen.org/bitstream/id/79943c77-7577-498c-8009-65b9c5ceb649/610631.pdf（2023年7月20日アクセス）

＊4　総合イノベーション戦略推進会議「人間中心のAI社会原則」（2019年3月）
https://www8.cao.go.jp/cstp/aigensoku.pdf
（2023年7月20日アクセス）

＊5　情報通信研究機構（NICT）「Beyond 5G / 6G ホワイトペーパー（日本語3・0版）」（2023年3月）
https://beyond5g.nict.go.jp/images/download/NICT_B5G6G_WhitePaperJP_v3_0.pdf
（2023年7月20日アクセス）

おわりに

データ駆動社会に必要なこと

本書を執筆するきっかけとなったのは、２０２０年初頭から3年余りにわたって猛威を奮った新型コロナウィルスと２０２２年2月に勃発したロシアによるウクライナ侵攻でした。

新型コロナウィルスはデジタル技術による行動変容をもたらしました。人々は街角から姿を消し、猛然とテレワークをはじめ、ビデオツールを使ってコミュニケーションを図り、オンラインで生活物資を注文する生活を受け入れました。他方、データ連携が十分でなく、行政サービスにおいてデジタル技術の真価が発揮されない事案も多数発生しました。

ロシアによるウクライナ侵攻では、平時と非常時の境目が曖昧なグレーゾーン事態が続き、リアル攻撃（武力行使）とサイバー攻撃が併用されるハイブリッド戦争が日常的に行われる事態を目の当たりにすることになりました。

グレーゾーン事態やハイブリッド戦争が発生するであろうことは、議論としては従来行われてきていましたが、こうして現実に発生しているという事実、またウクライナの抵抗力（レジリエンス）から見て、米国などの支援を得ながらこうした事態に対する準備を相当程度前から進めていたことが窺《うかが》われ、しかもＳＮＳなどを活用した戦況の把握やディープフェイクを含む偽情報による撹乱《かくらん》といった認知戦が繰り広げられ、「デジタル技術の力」――そこにはポジティブなものもネガティブなものもある――を改めて認識することになりました。

しかし、「デジタル技術の力」の本質は何でしょうか。

日本の場合、目に見えるインフラの整備は他国に先行して行われる傾向があります。

例えば光ファイバー網の整備は２０００年前後から世界に先駆けて行われ、現在もブロードバンド先進国としての地位を保っています。しかし、このブロードバンド網を使って何が行われているのか、どんな新しいビジネスが生み出されているのかといえば、部分的な効率化にとどまり、利用しているサービスの多くは米国発のものであったり、現行の制度や仕組みを変えて新しい価値を生み出すまでには至っていないのです。ここに我々の抱えている課題があります。

デジタル技術は、有形物としてのネットワークやパソコンなどの機器にのみ価値が見出されるものではありません。重要なのはデジタル技術という道具を活用してどのような新しい価値を生み出すかという点にあります。

そこでデータの出番となります。デジタル技術を導入することで物事をデータで捉えることができるようになってきました。そしてデータを収集・蓄積・解析することで新たな知見が生まれたり、暗黙知を形式知に変え、これを新しいサービスの開発や質の向上に役立てることができる。まさに、本書で見てきた「データ駆動社会」の姿です。

すでに時代は本格的なデータ駆動社会のなかに入りつつあります。１９６０年代から開発されてきたインターネットはコンピュータと通信を一体化し、すべてのデータ（情報）がネットワークにつながって、どの端末からでもアクセスすることができる世界を生み出してきました。これ自体、百年に一度の革命的な出来事だということは論をまちません。

しかし、このインターネットという基盤の上に成立するデータ駆動社会という世界は、次の段階において劇的な変革を生み出します。データの量、質、流通速度を向上させることこそが、日本経済やグローバル経済の発展を左右する最大の課題の一つです。

デジタル技術を効率化実現のためのツールだと考えている多くの企業経営者は、デジタル技術こそがデータ駆動社会を生み出し、新しい価値社会をつくり出すという世界の趨勢《すうせい》に一刻も早く気づく必要があります。

データ駆動社会の到来は、これまでの制度の見直しを迫ります。それはデータの特性が従来のモノとは大きく異なるからです。

何が異なるのか。それは、データは使い減りしない非競合性という特徴、限界コストゼロというおそるべきスケーラビリティ、そしてデータが増えるほど価値が幾何級数的に増えていくネットワーク効果といった特性を持っているという点にあります。この点を軽視してはなりません。

こうした特徴は従来のモノにはなく、古典的な市場メカニズムの機能を低下させることになります。いわば市場の失敗が起こりやすくなり、社会的に見ると少数の者による富の独占と労働分配率の低下につながっています。近年議論されてきた巨大プラットフォーマーの独占性の問題は、まさにこのデータという財の特性に基づく市場の失敗に現行制度が対応できていないというところから生まれてきたのです。

今後の資本主義のあり方を考えるためには、最低賃金の引き上げをはじめとする社会的セーフガードの強化も重要ですが、データ駆動社会の特性に対応した制度づくりを積極果敢に進めるべく、直ちに行動に移すことが必要です。データ駆動社会が一部の少数者によって支配される世界であってはなりません。

ネットフリックスで配信され話題を呼んだドキュメンタリー「監視資本主義：デジタル社会がもたらす光と影」[*1]はプラットフォーマーがSNS上で人々を無意識下で操作し、情報をお金に換えていく手口を見せつけ、「十分に高度な技術は魔法と区別がつかない」というSF作家アーサー・C・クラークの言葉を紹介しました。データ駆動社会をこのような世界にしてはいけません。

データ駆動社会に対応した制度をつくり上げていくためには、競争法の見直しにより事後規制に加えて事前規制を導入することのほか、最近のＡＩ市場に見られるように、巨大プラットフォーマーがこれまで蓄積した巨大な富を新規市場に再投入して寡占的な市場を維持・拡大しようとしている状況を変えるための仕組みも検討する必要があります。

同時に、データ流通を促進するための制度づくりも求められます。

例えばデータ流通を仲介する流通市場や情報銀行の制度化、データを信頼ある形で流通させるためのトラストサービスの制度整備、データセキュリティを確保するための技術開発やデータサプライチェーンのセキュリティを確保するためのルール整備など、データセキュリティ強化のための取り組みを進める必要があります。

もう一つ重要なのは、分散型事業モデルの促進です。いわゆるＷｅｂ３と呼ばれるブロックチェーンなどの分散型台帳技術を活用した事業モデルはいまだ揺籃《ようらん》期にあります。しかし、こうした分散型事業モデルが制度的に阻まれることのないよう必要な環境整備をしていく必要があります。

また、分散型事業モデルは透明性の欠如や過度な自律性など、ガバナンスを巡る課題に焦点が当たりつつあります。こうした課題の議論を通じて分散型事業モデルが社会的な信認を得られるようにしていく必要があります。

さらにもう一つ付け加えるとすれば、データ駆動社会に向かっていくと、20世紀型の伝統的な産業の壁が崩れていきます。業態の壁を越えたデータ連携、ＡＩによる人手サービスの代替などの市場構造の変化に対し、労働者が新規市場に移行できるようなリスキリングやベンチャーによる新事業創出を進める産業政策も同時並行的に進める必要があります。

このように、ルールの見直し、分散型事業モデルの推進、構造変化対応の産業政策。この3つをセットで進めることが今求められているのです。

ルールメーカーは誰か

データ駆動社会は、ルールのあり方そのものについても変革を求めることになります。

元来、ルールを決めるといえば法規制を導入することと同義でした。しかし、技術革新によって市場の構造が急速に変わっていくなか、すべて法規制をベースにルール化することは適当ではない時代となりました。

また、偽情報対策などを法規制で行うとすれば、国がネット上のコンテンツの良し悪しを判断することになります。違法情報の流通を阻止するのであれば問題ありませんが、有害情報の流通を取り扱う場合、国に都合の悪い情報に絞って有害だと認定し流通を阻止するのであれば、それは表現の自由、報道の自由に反する行為になりかねません。

さらにもう一つ、サイバー空間には国境がないという問題もクローズアップされてきています。国内の法律である特定のサービスの提供を禁止したとしても、そのサービスが海外から提供されている場合、国内法で処罰することは困難です。各国が自国の法律を域外まで競って適用しようとすれば、その規制の適用範囲に入る国はたくさんの国の法律が域外適用され、それらの法律のなかで最も厳しい内容のものに対応していないといけなくなり、規制にがんじがらめに縛られることになりかねません。

こうしたなか、法規制というハードローではなく、民間の自主的なルールに委ねるソフトローという考え方が出てきました。業界団体のガイドラインなど、拘束力はないものの市場の健全性の維持、利用者利益の保護といった観点から遵守することが社会的に要請されるのがソフトローです。

なかでも共同規制は国がオープンな議論を通じてルールの方向感を定め、民間企業がこれを自主的に守るという官民連携型のソフトローの仕組みであり、ハードローとソフトローをバランスよく組み合わせて適用していくことが求められます。

ハードローの世界では各国の規制の整合性を整えるために、国際機関などの多国間協議や二国間協議で政策調整が行われてきました。共同規制をはじめとするソフトローについても、国際的な整合性を図る必要性は変わらず、同様の取り組みをしていく必要があります。その一つのアプローチとして、国際デジタル協定を有志国で締結し、データローカライゼーションの禁止などデータ流通促進のための基本的な枠組みについて合意し、これに基づいて官民連携による国内ルールの整備を図るということが考えられます。

データ駆動社会においてもルールの柔軟性と国際的な整合性の確保というテーマは、引き続き最重要の課題の一つです。

デジタル冷戦を回避するために

リアル社会とサイバー空間の一体化が進むと、サイバー空間におけるルールは各国の安全保障に関わる問題になってきました。インターネットは反政府的なカウンターカルチャーを色濃く反映させつつも、米国の軍事予算を使ってコンセプトが具体化し、「自律・分散・協調」を基本精神としながらオープンな仕組みであるがゆえに成長し、今や経済活動や暮らしに必須の社会インフラになりました。そして社会インフラになったからこそ、インターネットの運営（ガバナンス）のあり方やサイバー空間に適用されるルールのあり方に関する議論が首脳レベルのアジェンダに挙げられるようになってきています。

しかし、対立の構図は深刻です。旧西側諸国と中露の対立は、サイバー空間における安全保障に関するルールづくりにおいても対立の構図を生みました。その根本にあるのが、サイバー空間を国が統括するサイバー主権を認めるか、それとも従来どおりマルチステークホルダーの参加を基本に民主的にルールを決めていくのかという対立です。

もともとインターネットというものは情報を広く共有し権力の内情を広く知らしめることで民主化を促すという面が期待されてきました。しかし他方、誤解を恐れずにいえば、デジタル技術というものは国民を監視し行動抑制を図る上で最も優れたツールになり得るということでもあります。

それでも、旧西側諸国と中露の対立の構図——デジタル冷戦——は全力で回避しなければなりません。そのためにインターネットのpublic core（公共性を有する核心部分）は何なのか、そしてこの核心部分を守るために何をしなければならないのかということを真剣に考える必要があります。

自国のインターネットを監視している国はグローバルサウスを中心になお増加しています。表現の自由を守り、人権を守ること。インターネットはこういう目的で使われるように私たちは知恵を出し続けなければなりません。

常に立ち返るべき基本

インターネットの世界はオープンな世界です。あらゆる端末やルーター、サーバーが緩やかにつながる柔軟な世界。しかし、そのオープン性ゆえにセキュリティの問題を惹起《じゃっき》することになりました。サイバー空間における脅威は複雑巧妙化しており、国家の関与が疑われるサイバー攻撃も急増している状況です。

しかし、だからといってオープン性というインターネットの最大の特徴を制限するような取り組みは阻止する必要があります。技術的に生み出された課題は必ず技術で解決できるという姿勢をとり続けることも重要です。オープン性というインターネットの最大の利点を生かしながら、同時にサイバーセキュリティの対策に取り組んでいくことが求められています。

そしてもう一つ忘れてはならないこと。それはインターネットのグローバルな力を維持し続けなければならないということです。

私は１９８０年代にパリに本部を置く国際機関ＯＥＣＤ（経済協力開発機構）の事務局で２年間勤務していました。その頃、インターネットはまだ存在していません。日本人の上司が購読している衛星配信の高価な日本の新聞を１週間遅れで読み、フランスのテレビや雑誌を首を捻りながら見て日々のニュースを追いました。日本とのやり取りは目が飛び出るほど料金の高い国際電話かファックスでした。

しかし、今や外国を訪れても誰もがスマートフォンを手にし、情報を入手し、必要なコミュニケーションを行い、レストランの代金の支払いを行っています。このように、インターネットは国境を越えたグローバル性を持ったことが大きな特徴の一つです。

インターネットを憎悪を増やす手段として使うのではなく、相互理解を促す目的に使っていきたい。これもインターネットの原則に立ち返って肝に銘じる部分です。

ここ数年、共創という言葉に接する機会が増えました。デジタル技術は高齢者や障害者の皆さんにとっても欠かすことのできないものであり、社会参画の強力な助っ人となっています。

そして誰もが参画するデータ駆動社会では、データをベースにみんなで社会課題の解決を行っていくイメージが描かれます。インターネットによる共創の世界――こうした未来を描いていきたいと考えます。

熟議民主主義とデジタル政策

２００６年9月、私が事務局を務めた総務省「ＩＰ競争ルール懇談会」の報告書が公表されました。懇談会の座長を務めていただいたのが敬愛する大阪大学名誉教授の故・林敏彦先生でした。この報告書はデジタル政策の走りともいえる議論をまとめたもので、解説記事を加えて書物としても出版されました。[*2]

15年以上前に出版されたこの本のなかで、林先生は「政治学の分野では熟議民主主義（deliberative democracy）あるいは熟議と討議の民主主義という概念が注目を集めている。これは簡単にいえば、思いつきやイメージや利益分配などに基づく投票ではなく、問題の全体像を十分に咀嚼し、討議によって理解を深めた上で、政治的意思決定に参加する仕組みのことである。ＩＰ競争ルール懇は、大げさにいえば、通信政策の形成過程に熟議民主主義を導入する試みだったといえるかもしれない」と述べています。

本書が今後のインターネットの未来を考える上で、熟議民主主義の小さな一部を担うものになってほしいと思います。

本書で取り上げたようなデジタル政策を巡る議論について、私は実際に熟議民主主義の手法を可能な限り取り入れた新しいプロジェクトも同僚とともに近年立ち上げています。

それが２０２１年9月に設立したデジタル政策フォーラム（ＤＰＦＪ：Digital Policy Forum Japan）です。このフォーラムは約90名の発起人・賛同者が参加している産学官の枠を超えた新しい政策形成コミュニティです。

このフォーラムでは、デジタル政策に関するいくつかのテーマごとにネット上で議論を行い、必要なタイミングでリアルな公開カンファレンスの開催、提言の策定・公表[*3]などを行っています。議論には誰でも参加でき、提言などもすべてネットで公開するなど、まさに林先生の指摘された熟議民主主義の取り組みに近いものになっています。

インターネットのマルチステークホルダー主義を尊重して、デジタル政策に広く関係する人たちがこのフォーラムに集い議論をすることで新しい視点が生まれ、デジタル政策に厚みを増していく。そのようなフォーラムにしていきたいと考えています。

註

＊1 原題“The Social Dilemma”（2020年）

＊2 林敏彦編『次世代インターネットの競争政策』（2007年、日本評論社）。なお、この研究会報告書（1）に先立ち、回線交換の時代からIPの時代への政策転換について初めて包括的に取り上げた総務省の報告書は「情報通信新時代のビジネスモデルと競争環境整備の在り方に関する研究会報告書」（2002年6月、筆者が事務局を務めた）（2）まで遡る。

［参照URL］

（1）https://warp.da.ndl.go.jp/info:ndljp/pid/283520/www.soumu.go.jp/s-news/2006/pdf/060915_5_4.pdf（2023年8月3日アクセス）

（2）https://warp.da.ndl.go.jp/info:ndljp/pid/235321/www.soumu.go.jp/s-news/2002/020606_3_01.html（2023年8月3日アクセス）

＊3 デジタル政策フォーラム（https://www.digitalpolicyforum.jp/）では、これまで「ウクライナ侵攻とデジタル技術に関する教訓」（2022年3月）、「データ駆動社会の実現に向けた7つの視点」（2022年6月）、「デジタル政策におけるグローバル連携の実現」（2023年4月）の3つの提言を策定・公表している。

謝辞

インターネットは今大きな転換点にあります。それは、かつてテックコミュニティに閉じていたインターネットの世界がすべての人にとっての基盤インフラとなり、政治、経済、外交をはじめ、あらゆる領域でインターネットの持つ力やそれが生み出す課題への対処が重要な検討テーマになっているからです。

本書はそういう問題意識を基に今後のインターネットのあり方を巡る議論をいくつかの視点から描いてみました。大きなテーマを設定したため、執筆には苦労しました。山のような文献を読み漁りながら断片的なコラムを書き始めたのが2年ほど前。そして、加齢により早起きになったこともあり、毎日の朝の時間を原稿執筆に充てながら、本格的に全体像を整理するのに約1年を費やしました。その間、自分の思考を整理していく上で有益だったのがデジタル政策フォーラム（ＤＰＦＪ）における議論でした。

特にコロナ禍のなかではＺｏｏｍやＳｌａｃｋに頼らざるを得ず、ここでもインターネットの恩恵を受けることになりました。

本書の執筆にあたっては、そのきっかけをつくってくれた小林辰男氏（前日本経済研究センター政策研究室長）、本書で取り上げた事例関連の情報を提供してくれたＩＩＪの同僚に感謝します。

また、苦しいときに支えてくれた本当に多くの友人や家族にも、この場を借りて心から感謝したいと思います。ありがとうございます。

なお、本書では（一部の例外を除き）敬称を省略させていただきました。また、本書に事実誤認や記述の誤りが残っているとすれば、それはすべて筆者の責任によるものです。また、本書に記述した意見などはすべて筆者個人のものであり、所属する組織・団体のものではないことをお断りしておきます。

本書が今後のインターネットのあり方を考える一つの契機となることを祈っています。

2023年　盛夏

谷脇　康彦

谷脇康彦（たにわき・やすひこ）

インターネットイニシアティブ（IIJ）
取締役副社長

愛媛県出身。1984年郵政省（現総務省）入省。内閣審議官・内閣サイバーセキュリティセンター（NISC）副センター長、総務省情報通信国際戦略局長、政策統括官（情報セキュリティ担当）、総合通信基盤局長、総務審議官などを経て2021年総務省退官。2022年より現職。慶應義塾大学大学院メディアデザイン研究科（KMD）特別招聘教授。デジタル政策フォーラム（DPFJ）顧問。著書に『サイバーセキュリティ』（2018年、岩波新書）、『ミッシングリンク』（2012年、東洋経済新報社）、『インターネットは誰のものか』（2007年、日経BP）など。

教養としての
インターネット論
世界の最先端を知る「10の論点」

2023年9月19日 第1版　第1刷発行

［著　者］　谷脇康彦
［発行者］　中川ヒロミ
［発　行］　株式会社日経BP
［発　売］　株式会社日経BPマーケティング
〒105-8308　東京都港区虎ノ門4-3-12
https://bookplus.nikkei.com/

［デザイン］　大倉真一郎
［制　作］　マーリンクレイン
［校　正］　ディクション
［編　集］　幸田華子　赤木裕介
［印刷・製本］　中央精版印刷株式会社

ISBN978-4-296-00164-4　Printed in Japan